아름다운 용인,
용인 사람들 이야기

아름다운 용인,
용인 사람들
이야기

이철환 지음

다락방

머리말

용인시龍仁市는 경기도의 중남부에 있는 도시이다. 산림자원이 풍부하여 맑은 공기와 푸른 녹음을 즐길 수 있는 곳이다. 오래 전부터 구전되어 온 '생거진천 사거용인生居鎭川 死居龍仁'이라는 말이 있다. 이는 진천 지방은 평야가 넓고 비옥하며 용인은 물이 맑고 산수가 수려하여 풍수지리에서 이야기하는 길지吉地가 많아 음택지陰宅地로 좋다는 의미를 지닌다.

이처럼 울창한 숲으로 둘러싸인 땅에서 농사를 지으며 평온하게 살아오던 용인은 1970년대부터 시작되어 1990년대 절정을 이룬 개발붐으로 완전히 달라졌다. 이제는 큰 도시가 되어버린 용인은 매우 다채로운 모습을 지니고 있다. 우선 인구가 급속히 늘어나면서 광역시를 제외하면 전국에서 수원시 · 창원시 · 고양시에 이어 4번째로 100만 명을 넘는 대도시가 되었다.

그리고 서울의 위성도시라는 성격을 지닌다. 아파트 위주의 주택이 약 40만 세대 들어서 있으며, 이곳에 사는 주민들 다수는 서울로 매일 출퇴근하고 있다. 이러다 보니 베드타운으로도 불리고 있다. 그러나 얼마 전부터 다수의 기업과 산업시설이 이곳에 들어서고 있는 덕분에 이제는 지역 내 총생산의 약 3/4이 제조업에서 창출되는 상황이다.

또 유수의 문화관광도시이다. 산수가 수려하고 서울· 수원· 성남 등 대도시에 인접해 있어 경기도 내의 최대 관광지역으로 발전했다. 이는 심곡서원과 정몽주 선생 묘 등의 유물유적, 에버랜드· 캐리비안베이· 한국민속촌· 양지파인리조트· 용인자연휴양림 등 전국적으로 널리 알려진 레저관광시설이 자리하고 있기 때문이다. 또 지역 곳곳에 조성된 미술관과 음악당 등의 문화공간은 주민들에게 수준 높은 문화의 향기를 누리며 살아갈 수 있게 해주고 있다.

그러나 우리나라의 대표적인 난개발 지역이라는 불명예도 지니고 있다. 이는 절대로 허가가 나서는 안 될 곳까지도 아파트가 들어서거나 골프장이 만들어졌기 때문일 것이다. 그 결과 산림이 훼손되고 교통난을 유발하는 등 주민들에게 커다란 불편을 초래하였다. 하기야 좋은 점이 있으면 나쁜 점도 있기 마련, 세상만사가 모든 것이 다 좋을 수만은 없지 않은가!

내가 이곳, 용인 수지에 터를 잡고 산지도 벌써 20년이 다 되어 간다. 이곳에서 내 인생의 황금기였던 시절을 포함해 지나온 삶의 약 1/3을 보냈다. 특히 은퇴 후에는 친구들이나 지인들을 만나기 위해 서울 나들이를 하는 경우를 제외하면 거의 모든 시간을 보내는 터전이 되었다.

이 과정에서 나는 용인의 여기저기를 둘러보게 되었고, 또 용인 사람들의 다양한 삶의 모습을 살펴보는 기회를 만들어 보았다. 그들과 시선과 대화를 나누면서 서로의 마음과 생각도 교류하고 공감하는 행복한 시간을 가질 수 있었다.

따라서 이 책은 용인에서 내가 살아가는 모습을 그린 것이며, 또 앞으로 살아갈 이유를 담은 것이라고 할 수 있다. 아울러 나는 이 책에서 아름다운 용인의 풍광과 용인 사람들이 살아가는 애환을 담아보려고 노력했다. 다만, 필력 부족으로 이를 제대로 다 전달하지 못한 점에 대해서는 아쉽게 생각하며 널리 이해를 구하는 바이다.

그러나 다른 한편으로는 자신이 살고 있는 고장을 소개하는 책을 펴

내는 과업을 시도해 보았다는 점에 대해서는 나름 적지 않은 긍지와 자부심을 지닌다. 그리고 앞으로도 이러한 성격의 책자들이 많이 출간되기를 바라마지 않는다.

끝으로 이 자리를 빌려 이 책이 출간되는 데 커다란 도움을 주신 용인 출신의 우제창 전 국회의원님께 깊은 감사를 드린다. 또 이 책에 나오는 일부 사진을 지원해준 용인시 관계기관에도 감사를 드린다. 아울러 용인시 당국과 주민들에게는 우리들의 삶의 터전인 이 아름다운 고장, 용인을 보다 살기 좋은 곳으로 만들기 위해 뜻과 힘을 하나로 모으자는 간청을 드린다. 그리하여 '사거용인'뿐만 아니라 '생거용인生居龍仁'도 함께 이룰 수 있기를 기대해 본다.

2022년 새해를 맞이하며,
용인 수지 누거에서

제1부 아름다운 용인

용인은 어떤 곳인가? • 13

용인의 사계절 • 21

용인8경 • 30

'살아 진천, 죽어 용인' • 38

예술의 향기를 누리는 문화도시 • 46

탄천길 걸어보기 • 56

광교산 산행 • 62

친환경 생태공원, 레스피아 • 69

자생식물의 보고, 한택식물원 • 77

전통문화 공연장, 한국민속촌 • 86

환상의 세계, 에버랜드 • 93

제2부 용인 사람들 이야기

수지에 사는 이유 • 107

난개발과 과잉투자의 오명 • 114

용서고속도로와 신분당선 유감 • 122

용인 오일장과 쇼핑몰 • 129

특산품과 축제, 농촌 테마파크 • 136

용인의 별미와 맛집 • 144

보정동과 신봉동 카페거리 • 152

골프 천국의 명암 • 161

낚시터에서의 추억 • 167

겸임교수의 애환 • 174

전원주택의 낭만과 환상 • 181

선배 A와의 만남 • 188

작은 교회 이야기 • 198

제1부
아름다운 용인

수지구

모현읍

포곡읍

기흥구

유림동

역삼동

양지면

중앙동

동부동

이동읍

원삼면

백암면

남사면

용인은 어떤 곳인가?

용인시龍仁市는 경기도의 남부 중앙에 위치한 도시이다. 동쪽으로 이천시, 서쪽으로 수원시와 의왕시 그리고 화성시, 남쪽으로 평택시와 안성시, 북쪽은 성남시 및 광주시와 접하고 있다.

용인시龍仁市는 조선 시대에 옛 지명인 용구현龍駒縣과 처인현處仁縣을 합치고 후에 양지군陽智郡까지도 합쳐서 만들어진 도시이다. 용인 이라는 이름도 용구龍駒에서 '용龍'자와 처인의 '인仁'자에서 따온 것이다. 1896년 현에서 군으로 승격되었으며, 1914년에는 양지군과 죽산군 일부가 편입됨으로써 면적이 크게 넓어졌다. 1996년에는 군郡에서 시市로 승격하였으며 지금의 행정구역은 3구區 3읍邑 4면面 28동

洞으로 구성되어 있다.

　면적은 경기도 전체의 5.8%에 해당하는 591.27km²이다. 이는 경기도 31개의 시 · 군 중에서 비교적 큰 편이다. 양평군 · 가평군 · 포천시보다는 작지만, 연천군 · 파주시 · 안성시 · 화성시 등과 비슷하다. 인구는 1970년 이후 급증하여 최근까지도 계속해서 증가하고 있다. 결국 2017년에는 광역시를 제외하고는 수원시, 창원시, 고양시에 이어 전국 4번째로 100만 명을 돌파한 도시가 되었다.

용인시

이에 용인은 2020년 12월, 수원 고양, 창원과 함께 특례시로 지정 되었다. 특례시란 광역시는 아니지만 일반시와 차별화된 자치권한과 재량권을 부여받는 새로운 형태의 지방자치단체 유형이다. 자율적 도시개발이 가능해 지역 실정에 맞는 맞춤형 도시발전 전략을 수립할 수 있고, 광역자치단체를 거치지 않고 중앙정부와 직접 교섭할 수 있어 신속한 정책 결정이 가능해진다.

아울러 행정절차가 간소화되면서 시민들에게 보다 빠른 행정서비스를 제공할 수 있고, 광역시 수준의 사회복지급여 선정기준이 적용되어 기초연금·장애인연금·생계급여 수급액이 증가하는 등 복지혜택도 늘어나게 된다.

특히 특례시라는 도시브랜드와 도시경쟁력 향상으로 기업 유치, 일자리 확대, 경제 성장, 기업의 재투자 등 선순환 구조가 구축되어 지역 경제가 활성화될 것으로 기대된다. 그 결과 용인은 전략적으로 추진 중인 '플랫폼 시티'와 '사람중심 도시'의 조성에 탄력을 높일 수 있게 되었다. 또 '용인 반도체클러스터'의 조성 속도를 높이는 것은 물론, 첨단·관광·R&D 등 대규모 재정투자사업과 국책사업 유치에도 유리할 것으로 보인다.

용인시는 평야가 비교적 발달한 주변의 수원시, 성남시, 안성시, 이천시와는 달리 평야가 좁고 구릉성 산지의 비중이 두드러진다. 이에 따라 주변의 다른 읍·면·동과 왕래가 원활하게 이루어지기가 어려웠다. 이와 같은 지형적 특색은 오늘날 용인시의 도시 구조와 생활권 형성에 큰 영향을 미쳤다.

용인시는 수지, 기흥, 처인 등 공통점이라고는 별로 없는, 제각기 다른 생활권과 성격을 가진 소도시들의 느슨한 연합체라고 봐도 좋다. 일반적으로 '용인'이라고 하면 처인구處仁區의 과거 용인읍 지역을 지칭한다.

처인구는 도농복합 지역이지만, 용인시청, 시외터미널 등 용인을 대표하는 시설물 또한 대부분 이쪽에 몰려 있다. 반면, 수지구나 기흥구는 택지개발로 이뤄진 전형적인 베드타운이다.

이처럼 다양한 성격을 지닌 용인의 모습을 보다 구체적으로 살펴보자. 우선 무엇보다도 서울의 위성도시라는 성격을 지닌다. 아파트 위주의 주택이 약 40만 세대 들어서 있으며, 이곳에 사는 주민들 다수는 서울로 매일 출퇴근하고 있다. 그러다 보니 베드타운으로 불리고 있다. 용인에서 서울 중심부까지는 약 30~40㎞ 거리로, 이는 멀다면 멀고 가깝다면 가까운 다소 애매한 거리라고 하겠다.

많은 인구가 유입되면서 도시 규모가 팽창했지만 난개발이라는 사회적 문제를 드러내기도 했다. 이는 애당초 도시계획으로 조성된 신도시와는 달리, 주변 환경을 고려하지 않은 채 주먹구구식으로 닥치는 대로 주거용 아파트와 골프장 등의 시설물을 지어댔기 때문이다.

용인은 또 뛰어난 문화관광도시이다. 산수가 수려하고 서울·수원·성남 등 대도시에 인접해 있어 경기도 내의 최대 관광지역으로 발전했다. 심곡서원과 정몽주선생 묘 등의 유물유적, 에버랜드·캐리비안베이·한국민속촌·양지파인리조트·용인자연휴양림 등 널리 알려진 레저·관광 시설들이 자리 잡고 있다.

또 지역 곳곳에 조성된 미술관과 음악당 등의 문화공간은 주민들이 수준 높은 문화의 향기를 누리며 살아갈 수 있게 해주고 있다. 그리고 석성산 일출, 광교산과 조비산, 기흥호수공원, 송전저수지 어비낙조 등의 용인8경도 커다란 관광자원이 되고 있다.

이와 함께 용인은 산업도시이기도 하다. 전형적인 농촌 도시가 개발붐에 힘입어 이제는 유수의 산업도시로 탈바꿈되었다. 특히, 2차산업의 비중이 매우 높아 지역내 총생산의 약 3/4이 광업 및 제조업에서 창출되며, 농림어업 산출액 비중은 1%가 채 되지 않는다. 용인시의 지역내 총생산GRDP은 2017년 기준 33조 4천억 원으로 성남시와 수원시에 이어 경기도에서는 3번째로 크다. 이들 3대 도시는 경기도 지역내 총생산의 24.0%를 차지하였다.

2021년 말에 착공한 처인구 원삼면 일대의 반도체 클러스터는 용인 경제의 새로운 주춧돌이 될 것으로 보인다. 클러스터 규모는 415만 3,502㎡약 126만 평에 달하여 명실상부한 아시아 최대의 산업단지이다. 총사업비 120조 원이 투입되는 이 프로젝트의 중심업체는 SK하이 닉스이며, 50개 이상의 반도체 소재·부품·장비관련 기업도 동시에 입주하는 상생형 클러스터이다.

SK하이닉스는 2025년 초 1단계 실리콘웨이퍼 생산공장을 준공하게 되며, 최종 조성 완료 시 4개 신설 공장을 통해 월 최대 80만장의 실리콘웨이퍼를 생산하게 된다. 이에 따라 513조 원의 생산 유발과 188조 원의 부가가치 유발, 1만 7천여 명의 일자리가 창출될 것으로 기대된다.

또한, 단국대학교를 중심으로 민관학 협력체제가 구축되면서 아파트형 공장인 지식산업센터도 다수 들어서고 있다. 2020년 초 준공된 덕성산업단지 바로 옆에 84만 342㎡ 규모로 조성되어 기업 입주가 한창 진행되고 있는 용인테크노밸리는 SK하이닉스의 반도체 클러스터와 세계적 반도체 장비업체인 램리서치의 테크놀로지센터, 시의 경제 도심이 될 플랫폼시티 등을 연결하는 위치에 있다.

제2 용인테크노밸리로 불리는 덕성2 산업단지 조성사업도 본격 추진되고 있다. 용인시는 한화 컨소시엄과 협약을 체결하고, 2021년 공사를 시작해 2024년 말까지 29만 5,133㎡ 규모의 덕성2 산업단지를 조성할 계획이다.

이에 따라 농촌지역이던 이동읍 덕성리 일대는 산업도시로 빠르게 탈바꿈하고 있다. 더욱이 이들 산업단지는 원삼면에 조성될 반도체 클러스터로부터 13km 거리에 있어 향후 대규모 배후 산업단지 기능을 수행할 것으로 기대된다.

한편, 주요 기업 본사로는 사무용품 브랜드인 모나미, 의약품 제조 업체 GC녹십자 등이 있다. 공장으로는 삼성전자 기흥사업장과 삼성 SDI 본사가 있고, 이와 관련된 여러 협력업체들이 용인 곳곳에 분포하고 있다. 그리고 제일약품, 서울우유협동조합 제2공장, 아워홈, 태평양 화학 등의 공장과 르노삼성자동차 중앙연구소 등 다수의 기업 연구소가 자리하고 있다.

교통의 요지이다 보니 기업은행 연수원, 신한은행 연수원, KB증권

용인시청

연수원, 한화생명 연수원, 흥국생명보험 연수원, 삼성 인재개발원, 금호 인재개발원, 신세계 인재개발원, 법무연수원 등 유수의 연수원도 용인시 곳곳에 분포해 있다. 이 밖에도 많은 기업과 물류센터, 냉동창고들이 들어서 있다.

이처럼 활기찬 산업활동과 과다할 정도의 지역개발에 따른 지방세수 호조로 재정상태는 다른 시와 비교할 때 상대적으로 양호한 편이다. 2018년 기준 용인시의 재정자립도는 62%로, 화성시와 성남시에 이어 경기도에서 3번째로 높았다. 그러나 경전철과 종합운동장 등에 대한 과잉투자로 갚아야 할 빚이 대폭 늘어났고, 개발수요 또한 점차 줄어들면서 재정자립도는 2020년 50%로 떨어졌으며 앞으로도 녹록치 않은 상황이다.

한편, 용인시가 내세우고 있는 슬로건은 '사람중심 새로운 용인'이다. 용인시의 대표적인 상징물 몇 가지도 소개하면 다음과 같다. 우선, 고요하게 사색하는 모습의 '전나무'는 충효와 신의를 생활신조로 살아온 용인인人을 뜻한다.

또 도시와 농촌, 공원과 구릉, 산림 어느 곳에서나 볼 수 있는 '꿩'은 강인한 시민의 생활력을 의미한다. 그리고 연분홍색 화관과 은은한 향기를 지닌 붉은 '철쭉꽃'은 시민의 따뜻한 마음씨와 민주적 시민의 정신을 의미한다.

용인의 사계절

용인의 봄 · 여름 · 가을 · 겨울은 각기 다른 멋과 분위기를 자아낸다.

용인의 봄은 노란 개나리로 시작된다. 개나리는 가로변에 핀 것보다 아파트 담벼락에서 피어난 꽃에 더 정감이 간다. 연이어 연분홍 진달래가 꽃을 피운다.

개나리가 맑고 밝아서 쾌활한 도시 소녀 같다면, 진달래는 수줍고 다소곳하여 어여쁜 새색시 같은 모습을 하고 있다. 그런데 이 둘은 나란히 피어 있을 때 가장 아름다운 조화를 이룬다.

잔인한 계절 4월이 왔는가 싶었는데 어느새 벚꽃이 피어난다. 벚꽃은 피어 있을 때도 아름답지만 질 때도 아름답다. 아니 오히려 질 때가 더 아름답다. 꽃잎은 마치 비 오듯이 떨어진다. 떨어진 꽃잎이 바람결을 타고 길 위에 흩날리는 모습은 황홀함과 신비감을 안겨준다. 떨어진 꽃잎들이 달리는 자동차 뒤를 따라올 때면 마치 카펫 위를 질주하는 듯하다.

용인에는 아름다운 벚꽃 숲이 많지만 특히 '가실벚꽃'이라 불리는 호암미술관 주위 벚꽃 숲의 풍광은 용인8경의 하나일 정도로 장관이다. 더욱이 호수에 데칼코마니로 투영되는 정경은 한 폭의 그림, 그 자체이다.

또 벚나무가 늘어선 가로수 길로는 성복동 롯데몰에서 시작하여 수지성당을 지나 체육공원으로 이어지는 수지로 대로변 길이 백미다. 이 거리의 양쪽에 심겨진 아름드리 벚나무에서 피어난 하얀 꽃은 마치 꽃의 터널을 이루는 것 같다.

4월부터 5월 중순까지는 용인 전 지역을 철쭉과 영산홍이 온통 붉게 물들인다. 간간이 하얀 꽃과 분홍빛 꽃들도 피어나지만, 대세는 역시 붉은빛 꽃이다. 영산홍은 우리나라에서 가장 많이 심는 조경수다. 정원의 축대 사이나 돌 틈에 심거나, 가지가 많이 뻗는 성질을 이용해 울타리로도 많이 쓰고 있다. 어정쩡한 크기의 공터를 메우는 용도로도 영산홍은 제격이다. 이제 영산홍은 용인뿐만 아니라 전국을 꽃의 도

가실벚꽃 풍광

시, 꽃의 나라로 바꾸어 놓았다.

달리는 차창 밖으로 봄비가 내린다. 봄비 내리는 시가지는 한적하면서도 싱그러운 느낌을 준다. 도로에, 탄천 위에 그리고 길게 늘어진 연초록의 나뭇가지에도 소리 없이 물방울이 돋는다. 애잔하게 내리는 봄비는 대지를 적시며 내 가슴속에도 스며든다. 마음이 착 가라앉는다.

용인의 진정한 가치는 여름에 느낄 수 있다. 한여름이 되면 서울 도심은 콘크리트와 아스팔트 열기로 숨쉬기조차 어려운 지경이지만 숲이 많은 용인은 한결 편안하게 지낼 만하다. 거리의 나무들이 형성한 짙은 녹음은 시원한 그늘을 선사해준다. 밤에도 창문을 열면 시원한 바람을 느낄 수 있어서 에어컨 없이도 지낼 수 있다. 도시에서는 소음 수준이 되어버린 매미 울음소리도 시끄럽기보다 청량감을 더해준다.

여름에 피어나는 꽃들은 한층 더 아름답게 느껴진다. 이들은 잠시나마 뜨거운 열기를 식혀주니 고맙기조차 하다. 여름이 깊어 갈수록 주변은 온통 초록의 나뭇잎으로 뒤덮힌다. 그러나 초록의 향연도 너무 오래가면 슬며시 신물이 나면서 화사한 봄꽃의 색깔이 그리워진다.

이럴 즈음, 꽃이 귀한 여름날의 아쉬움을 달래주는 능소화가 우리의 눈길을 끈다. 주황색이라기보다 노란빛이 많이 들어간 붉은빛의 능소화 꽃은 화려하면서도 정갈한 느낌이 든다. 능소화는 담쟁이덩굴처럼 빨판이 나와 무엇이든 가리지 않고 어디에나 달라붙어 아름다운 꽃 세상을 연출한다. 담장 너머로 살포시 고운 얼굴을 내미는 새색시같은 수줍은 모습의 능소화는 더욱 정감이 간다.

밤이 찾아들면 탄천에 나가서 졸졸 흐르는 개울물 소리를 들으며 더위를 식힌다. 구슬프게 울어대는 풀벌레 소리마저도 시원하게 느껴진다. 이따금은 에버랜드의 장미원을 찾아 나서면 만발한 수백만 송이의 장미가 진한 향기를 발산하며 반겨준다.

농촌테마파크의 능소화

곁에 있는 분수에서 내뿜는 시원한 물줄기는 여름밤 무더위를 식혀주며 밤이 더 깊어지면 형형색색의 폭죽들이 밤하늘을 아름답게 수놓는다. 어느덧 가슴속에는 청량감으로 가득하다. 용인의 여름밤은 이렇게 깊어간다.

가을이 되면 품위 있는 자태와 그윽한 향기를 뿜내는 국화꽃이 세상을 풍성하게 해준다. 탄천과 호수 주변에 흐드러지게 피어난 억새풀 길도 우리의 마음을 끈다. 그 길을 사랑하는 이와 함께 해도 좋고, 홀로 고독에 잠겨 걸어보는 것도 좋다. 또 자전거를 타고 그 길을 달려도

기분이 상쾌해질 것 같다. 그리고 공원 벤치에 앉아 잠시 상념에 잠겨 보는 것도 가을의 낭만이다.

그러나 가을다운 서정적 정취를 한껏 느끼게 하는 것은 역시 단풍과 낙엽이다. 가로수 잎사귀들은 처음에는 누렇거나 갈색을 보이다가 점차 불그스레한 색상으로 바뀌어 간다.

봄이면 연분홍 꽃을 피워 아름다움을 선사하던 수지로 가로변의 아름드리 벚나무도 고운 주홍빛이 감도는 단풍으로 변신하여 오가는 시민들의 가슴에 불꽃을 지핀다.

수지로의 단풍

그러나 단풍도 잠깐, 이내 낙엽이 되어 우수수 지고 만다. 갈색의 낙엽이 거리를 뒤덮을 때면 마음이 쓸쓸하고 숙연해지게 된다. 무엇인가 그리워진다. 그 대상이 사람이든 지난날의 추억이든. 용인의 가을 정취는 호암미술관 경내의 단풍과 백련사의 은행나무 숲에서 가장 잘 느낄 수 있다.

용인은 도시와 농촌이 혼재된 도농복합 도시이어서 농촌의 풍광과 정취도 보고 느낄 수 있다. 도심을 살짝 벗어나 농촌 마을로 들어서면 벌판에는 잘 익은 누런 벼들이 고개를 숙이고 있고 참새 떼들을 쫓기 위한 허수아비들이 장승처럼 여기저기 서 있다. 요즘은 메뚜기 떼들이 날아다니는 모습을 볼 수 없는 것이 몹시 아쉽다. 시골집 담장에는 빠알간 홍시와 누우런 호박들이 주렁주렁 달려있다.

겨울은 차갑지만 깨끗한 계절이다. 모든 것이 투명하게 드러나 보인다. 하얀 눈이라도 내리면 세상은 깨끗함 그 자체로 변한다. 눈이 내리는 겨울은 낭만적이지만 밖으로 나가기에는 계절이 너무 차갑게 다가온다. 그래서 창을 통해서 바깥세상을 내다보기로 하지만 창을 통해 보이는 세상은 너무나 좁기에 벽난로를 지피고 음악을 들으며 무한한 상상의 나래를 펼쳐본다.

용인의 겨울은 비교적 따뜻하며 경관 또한 수려하다. 이 역시 숲이 많아서다. 특히, 나무에 눈이 수북이 쌓여 있는 광교산의 겨울 경치는 '광교적설光教積雪'로 이름이 나 있을 만큼 아름답다. 가지런히 서 있는 가로수는 가을의 끝자락인 11월 말경이 되면 나뭇잎을 모두 떨구고 나신을 드러낸다.

앙상한 가지를 드러낸 가로수에 투명한 빛깔의 서리꽃이 피었는가 싶었는데 눈이 내리면서 하얀 눈꽃으로 변신을 한다. 가로수 나뭇가지 위에 걸려 있는 꼬마전구에서 나오는 불빛이 따사롭게 느껴진다.

호암미술관의 찻집

길거리에 늘어선 노점상의 풍경도 겨울이면 더욱 낭만적으로 다가온다. 군밤과 군고구마를 까먹으며 사랑을 속삭이는 젊은 연인들, 아이들에게 주려고 붕어빵을 사 들고 가는 아저씨, 포장마차에 홀로 앉아 뜨거운 어묵 국물을 안주 삼아 소주를 들이켜며 추억을 더듬는 어른 등 다양한 군상을 접할 수 있다.

첫눈 내리는 저녁, 보정동 카페거리의 찻집에서 따끈한 커피 한잔을 앞에 놓고 혼자서 조용히 상념에 잠겨본다.

용인8경

예로부터 풍광 좋은 곳을 일러서 6경, 8경, 10경, 12경 등으로 부른다. 이 중에서도 8경이 가장 일반적으로 사용되는데, 이는 각 지역마다 빼어난 경치 8곳을 통칭하는 말이다. 이 경景의 유래는 중국의 '소상8경瀟湘八景'에서 나왔다는 것이 통설이다.

중국의 명승지인 후난성省 동정호 남쪽 언덕 양자강 중류에는 소수瀟水와 상강湘江의 물이 합쳐져 동정호로 흘러 들어가는데, 이곳의 경치가 워낙 아름다워 송나라 시대 이성李成이란 화가가 '소상8경도瀟湘八景圖'라는 이름으로 이 자연 풍광을 화폭에 담았다고 전해진다.

이 그림에는 그곳의 여덟 가지 각각 다른 사계四季의 경치가 담겨 있어서, 이를 두고 팔경八景이라 이름 지었고, 이후 소상8경은 자연에 대해 인간이 가지고 있는 감정과 정서를 대신하는 말로 자리매김하게 됐다고 한다. 그 후 시간이 흐르면서 많은 화가가 자기 고장이나 여행지의 명승을 소상8경도에 대입시켜 시화詩畵로 만들었다. 요즘 지방자치단체들은 관광진흥 차원에서 자기 고장에서 가장 경치가 좋다고 생각되는 장소들을 8경, 혹은 12경으로 지정하고 있다.

우리나라에서 8경이라면 관동팔경, 단양팔경이 가장 대표적 사례이다. '관동팔경關東八景'은 강원도를 중심으로 한 동해의 여덟 명승지를 말한다. 통천의 총석정叢石亭, 고성의 삼일포三日浦, 간성의 청간정淸澗亭, 양양의 낙산사洛山寺, 강릉의 경포대鏡浦臺, 삼척의 죽서루竹西樓, 그리고 경상북도 울진의 망양정望洋亭과 평해의 월송정越松亭을 일컫는다.

'관동팔경關東八景'은 흰 모래사장과 우거진 소나무 숲, 끝없이 펼쳐진 동해의 조망, 해돋이 풍경 등 바다와 호수 및 산의 경관이 잘 어우러진 빼어난 경승지들로, 이곳에 얽힌 전설·노래·시 등이 많다. 특히 고려말 안축安軸이 지은 〈관동별곡關東別曲〉에서는 총석정·삼일포·낙산사 등의 절경을 노래하였고, 조선 선조 때 송강 정철松江 鄭澈이 지은 〈관동별곡〉에서는 관동팔경과 금강산 일대의 산수미를 노래하고 있다.

제1부 아름다운 용인

'단양팔경丹陽八景'은 단양 남쪽의 소백산맥으로부터 굽이쳐 흐르는 남한강 상류에 도담삼봉嶋潭三峰과 석문石門이 있으며, 충주호에서 가장 아름다운 경치를 자랑하는 구담봉龜潭峰과 옥순봉玉筍峰은 배를 타고 보는 관광의 백미를 맛볼 수가 있다. 또 선암계곡의 아름다운 풍경 속에 있는 상선암上仙巖, 중선암中仙巖, 하선암下仙巖과 운선구곡의 사인암舍人巖으로 이뤄져 있다. 단양팔경은 충주댐의 완성으로 구담봉·옥순봉·도담삼봉·석문 등이 3분의 1쯤 물에 잠기었지만, 월악산 국립공원 일부가 포함되고 수상과 육상 교통을 잇는 관광개발이 이루어짐에 따라 새로이 각광을 받고 있다.

용인에서도 지역을 대표하는 아름다운 경관을 지닌 8곳을 '용인팔경龍仁八景'으로 지정하였다. 당초 2003년 용인시는 지역의 아름다운 경관을 홍보하기 위한 목적과 함께 난개발로 찌든 향토의 오명을 씻기 위하여 시민들의 추천을 받아 8군데를 선정하였다.

이후 2019년 대표성과 상징성, 경관의 우수성 등을 고려하여 시민 및 관광객의 추천을 받은 후, 자문단의 현지답사 과정을 거쳐 새로이 용인팔경을 지정하였다. 이에 따라 기존의 곱등고개와 용담조망, 선유대 사계, 비파담 만풍이 제외되고, 농촌테마파크와 용인자연휴양림, 기흥호수공원이 추가되었다.

용인8경 중 제1경은 '석성산 일출'이다. 고도 471.5m의 석성산은

석성산 일출

용인의 진산珍山으로, 처인구 유림동과 포곡읍 마성리, 기흥구 동백동 일원에 위치한다. 서쪽에서는 기암절벽의 웅장함을, 남과 북쪽에서는 군사 요충지와 봉수터가 있었음을 확인시켜주는듯 당당한 기상을 하고 있다.

동쪽은 완만하지만 육중한 힘이 느껴지며 정상의 일출은 새해 첫날 해맞이 장소로 유명하다. 영동고속도로 개설로 단절된 한남정맥인 석성산과 향수산을 이어준 168m의 성산교도 명물이다.

제2경은 '광교산 사계'이다. 광교산은 용인시 수지구 일원과 수원시, 의왕시 일부에 걸쳐 있다. 주봉인 해발 582m의 시루봉과 448m의 형제봉은 용인시 관할이다. 정상에서 보면 수지구 일대를 비롯해 인접한 도시들이 한눈에 들어온다. 설경이 아름답기로 유명하지만 수목이 울창해 여름에도 햇빛을 보지 않고 산행과 삼림욕이 가능하다. 광교산의 사계절을 사랑하는 등산객들은 물맛이 좋기로 유명한 천년약수를 많이 애용하고 있다.

제3경은 '기흥호수공원'이다. 기흥구 하갈동과 공세동, 고매동 일원 기흥호수공원은 원래 농업용수를 공급하던 저수지였으나, 시민들의 휴식처로 거듭났다. 10여 km에 이르는 호수공원 둘레길을 걷노라면 보는 시간과 방향, 계절에 따라 다양한 풍광이 연출된다.

조정경기장 방면에서 바라보는 넓은 풍경도 좋지만 수문 방향이나 반대편에서 보이는 이국적인 풍경도 매력적이다. 밤에는 저수지 위에 조성된 산책로의 조명이 환상적이다.

제4경은 '용인 농촌테마파크와 연꽃단지'이다. 용인시 처인구 원삼면에 있는 농촌테마파크는 도시민들에게는 농촌의 추억과 향기를, 아이들에게는 농촌 체험을 제공하고 있다. 용인 시민이라면 누구나 무료 입장과 시설 사용이 가능하며 원두막과 들꽃 광장, 꽃과 바람의 정원 등이 인기다.

초입에 있는 연꽃단지에는 연과 수련 등 다양한 수생식물이 재배되고 있다. 가족 단위의 관광객과 사진작가들이 많이 찾는 용인을 대표하는 연꽃단지다. 인근에 있는 법륜사와 와우정사를 방문하면 다양한 문화체험도 할 수 있다.

제5경은 '용인자연휴양림'이다. 자연 공간을 최대한 이용해 조성된 이곳은 처인구 모현읍 초부리 정광산 자락에 있다. 수려한 자연환경 속에서 등산과 삼림욕을 즐길 수 있는 레포츠 공간이다.

다양한 규모와 형태의 숙박시설과 유아부터 청소년까지 모든 연령층을 고려한 놀이시설이 배치되어 가족들의 쉼터나 직장인들의 세미나 공간으로도 적합하며 특히 울창한 숲속에서 사색의 여유를 느낄 수 있는 체류형 휴식처로 인기다.

제6경은 '조비산 조망'이다. 처인구 백암면 용천리에 위치한 조비산鳥飛山은 새가 나는 형상을 뜻하며 넓은 들녘 가운데 봉우리 하나가 우뚝 솟아 돌을 이고 있는 듯하다. 해발 294.5m로 백암면 용천리, 석천리, 장평리에 접해 있다. 산이 가파르지만 그리 높지 않고, 정상부가 한쪽으로 기운 듯하다. 늦가을 사방이 확 트인 정상에서 내려다보이는 황금 들녘은 용인 최고의 전원 풍경이다.

조비산은 전설과 이야기가 풍성한 산이기도 하다. 조선 시대 초기에

조비산 조망

태조가 도읍을 한양으로 옮길 때 지금의 삼각산 자리에 산이 없자, 보기 좋은 산을 옮겨놓는 자에게 상을 내린다 하였다. 이 이야기를 듣고 한 장수가 조비산을 서울로 옮겨가는 도중 이미 누군가가 삼각산을 옮겨놓았다는 소리를 듣고 화가 나 지금의 장소에 내려놓고 서울을 향해 방귀를 뀌었다. 이 이야기를 전해들은 조정에서는 불경한 산이라 하여 조폐산, 역적산으로 불렸다고 한다. 또 다른 산들과는 달리 머리를 남쪽으로 두고 있다 해서 '역적산'이라고도 불리었다.

제7경 '가실벚꽃'이 있는 곳은 에버랜드가 있는 포곡읍 가실리 호암미술관 일원으로 봄철마다 벚꽃들의 향연이 펼쳐진다. 향수산 물줄기가 이어진 양어저수지 주변은 용인 최고의 벚꽃나무 군락지다. 호암미술관 입구 왕벚꽃나무 터널과 함께 호수 주변의 환상적인 벚꽃나무 숲을 보고 있노라면 황홀경에 빠지지 않을 수 없다. 한국 정원의 진수를 보여주는 미술관 옆의 '희원熙園'과 함께 봄철이면 벚꽃 나들이의 대표적인 공간으로 자리매김했다.

끝으로 제8경 '어비낙조魚悲落照'는 처인구 이동읍 어비리의 송전저수지에서 해 질 녘에 보는 노을 풍경을 말한다. 저수지 수면과 황금 들판을 동시에 붉게 물들이는 낙조의 황홀함을 무엇에다 비길 수 있을까!
일교차가 큰 계절엔 저수지 주변에 즐비한 버드나무 사이로 피어오르는 물안개가 몽상적이다. 지도상에는 이동저수지라고도 표기되어 있으며, 수몰된 마을 어비리를 기억하는 사람들이 많아 어비리 저수지라고도 불리고 있어 '어비낙조'가 유래되었다

살아 진천, 죽어 용인

용인은 산수가 수려하며 유서가 깊은 도시이다. 땅 모양이 장수를 상징하는 거북을 닮았다 하여, 풍수지리에서 이야기하는 길지吉地로 알려진 곳이 많아서 용인 지역은 예로부터 명당이 많은 곳이다. 그러다 보니 이전부터 전해 내려오는 구전과 설화, 그리고 가치가 큰 역사적 유물과 유적지가 매우 많은 편이다. 그중 몇 가지 재미있는 구전과 설화를 소개한다.

먼저, 용인에 '용龍'자가 들어가게 된 유래에 관한 설화이다. 용인시의 산세를 보면 크게 좌측으로는 봉우리의 형상이 투구처럼 생긴 투구봉이 있고, 우측으로는 칼 모양의 칼봉이 자리 잡고 있다. 이 투구봉과 칼봉 사이에 있는 넓은 터를 마을 사람들은 '장군대지형의 땅'으로 믿어 왔다. 장군이 무술을 연마하기에 알맞을 정도로 넓은 지형이기 때문이다.

옛날에 남씨 문중에서 이곳에 묘를 썼는데, 얼마 후 그 문중에서 아기 장수를 낳았다. 아기는 낳은 지 사흘 뒤에 옆구리에 날개가 돋아났으며, 힘 또한 장사여서 상대할 사람이 없었다. 아기 장수가 태어날 무렵은 당파싸움이 치열하여 자신의 가문을 보존하기 위해 암투가 끊이지 않던 시절이었다. 그리하여 혹 다른 집안 자제 가운데 장차 훌륭하게 될 소지가 있는 아이가 있으면 그 아이는 물론 그 집안 전체를 몰살하였다.

열세에 몰려 있던 남씨 문중에서는 아기 장수가 태어난 것이 오히려 화근이 될 것이라고 불안해했다. 이에 문중 회의를 열어 아기 장수가 성장하기 전에 처단할 것을 결의하였다. 그런데 아기가 워낙 힘이 세어서 여럿이 달려들어 커다란 바위로 눌러 죽였다. 이후 아기를 양지쪽에 묻어 주려고 땅을 파보았더니 거기에서 투구와 칼이 나왔다고 한다.

그 아기 장수가 태어날 때 장군대지형에서 마주 보이는 액교산 바위에 용마龍馬가 나타나 울었다. 이 용마는 아기 장수가 죽자 태울 주인이 없음을 슬퍼하며 곁의 석성산을 향해 달려나갔다. 아직도 액교산

용마바위에는 당시 용마가 몸부림치며 울부짖던 흔적이 뚜렷이 남아 있다고 한다.

양지면 양지리의 등촌마을에도 재미있는 사연이 구전되어 내려오고 있다. 옛날 이 마을에 원님이 부임하여 올 때는 "내가 무엇을 잘못했기에 이 산골로 귀양을 보내나?"하고 통곡하였다고 한다. 그러나 부임하여 몇 해 지내며 보니 장작불에 쌀밥을 먹을 정도로 풍부한 곡식과 물자에 주민들의 인심까지 좋아서 그 원님이 다른 곳으로 부임하여 갈 때는 다시 통곡하면서 떠났다고 한다. 그리하여 이 마을을 '들통곡 날통곡'이라고 부르기도 한다고 전해진다.

오래 전부터 구전되어 온 '생거진천 사거용인生居鎭川死居龍仁'이라는 말이 있다. 여기에는 두 가지 해석이 있다. 진천 지방은 평야가 넓고 비옥하여 살기에 좋고, 용인은 풍수지리에서 이야기하는 길지吉地가 많아 음택지陰宅地로 좋다는 의미라는 것이 그 하나다.

또 살아서는 진천에 머물다가 죽어서는 용인에 묻혔다는 조선 시대 학자의 삶에서 유래했다는 설도 있다. 그 밖에도 전해 내려오는 설화가 많은데, 다음은 지금의 용인시 처인구 이동면 묘봉리에서 유래된 이야기다.

이 마을에 젊은 남자가 살았다. 그는 부모도 친척도 없는 사람으로 남의 집 머슴살이를 하였으나 워낙에 정직하여 마을 사람들에게 신망을 얻었다. 마을 사람들은 나이 삼십이 되도록 장가를 못 간 총각이 안타까워 그와 처지가 비슷한 여자와 혼례를 치러 주었다. 부부는 화전을 일구며 살았다.

그러던 어느 날, 남편이 산등성이에서 낮잠을 자다가 산꼭대기로부터 굴러 내려온 수천 근 되는 바위에 깔려서 죽게 되었다. 그리하여 그 혼령이 저승의 염라대왕에게 갔는데, 아직 천수가 다 되지 않았다는 이유로 다시 이승으로 돌아오게 되었다. 하지만 시신이 바윗덩이에 눌린 채 이미 흙으로 덮였으므로 접신하지 못하고 떠돌아다니던 혼령은 충청도 진천의 어느 부잣집의 죽은 지 얼마 안 된 외아들의 몸으로 들어가게 되었다.

다시 살아난 그는 매일같이, 용인군 이동면 묘봉리에 몇 살된 자기 처가 살고 있고, 아무 아무 해에 장가를 들었다는 말을 반복하였다. 이를 이상히 여긴 어머니가 용인을 찾아갔더니, 그곳에 소복을 입은 여자가 울고 있었다.

어머니는 부인에게 우는 자초지종을 물었다. "사실 저는 어려서 조실부모하고 이 집에 시집왔는데 불과 일 년도 안 돼서 남편이 죽었습니다. 믿고 살 사람이 없어 이렇게 매일같이 웁니다." 이 말을 들은 진천 어머니는, "그러면 당신은 내 며느리요. 당신남편이 저승에 갔다가 우리 아들한테 접신을 했으니 우리 집으로 같이 갑시다." 하고는 가마에 태워 진천으로 데리고 갔다.

이렇게 해서 용인 사람은 진천 사람이 되어 진천 부인과 용인 부인을 함께 데리고 살게 되었다. 진천 본부인에게 두 아들을 낳고 용인 부인에게서는 세 아들을 낳아 장수를 누리다가 죽었다. 아버지가 죽자 진천 아들과 용인 아들 사이에 아버지의 혼백을 서로 모시겠다고 분쟁이 일어났다.

결국 명관으로 이름난 진천 군수에게 송사를 하게 되었다. 송사를 받은 진천 군수는 그가 살아서는 진천에 있었으니 죽어서는 용인으로 가라는 판결을 내려, 결국 용인의 아들들이 제사를 모시게 되었다는 내용이다.

실제로 용인에는 이름 없는 서민들의 묘는 물론, 조선 정조 개혁정치의 참모였던 채제공의 뇌문비雷文碑와 묘, 정몽주 묘, 조선 실학의 시조 반계磻溪 유형원의 묘 등 역사적 인물들의 묘 또한 매우 많다.

고려 후기의 충신으로 우리나라 성리학의 기초를 닦은 '포은 정몽주圃隱 鄭夢周 묘'는 당초 포은이 순절한 후 풍덕군에 썼다. 그러다가 후에 고향인 경상북도 영천으로 이장할 때, 경기도 용인시 수지면 풍덕천리에 이르자 앞의 명정銘旌이 바람에 날아가 모현면 능원리에 있는 지금의 묘소에 떨어져서 이곳에 묘를 썼다고 한다. 묘비에는 고려 시대의

포은 정몽주 묘

벼슬만 쓰고 조선의 시호를 쓰지 않아 두 왕조를 섬기지 않는 뜻을 분명히 하였다. 묘역 입구에는 송시열이 지은 신도비가 있는데, 정몽주의 충절과 높은 학식을 기리는 내용이 적혀 있다.

　　　이 몸이 죽고 죽어 일백 번 고쳐 죽어

　　　백골白骨이 진토塵土되어 넋이라도 있고 없고

　　　임 향한 일편단심一片丹心이야 가실 줄이 있으랴

　　　　　　　　　　-정몽주의 단심가丹心歌-

　용인은 교육의 도시답게 옛 서원들도 다수 남아 있다. 처인구 모현면 소재 충렬서원忠烈書院은 정몽주의 학덕과 충절을 기리기 위하여 지은 서원이다. 조선 선조 시대 처음 지어진 서원은 고종 8년에 대원군의 서원철폐령으로 없어졌으나, 1924년에 복원하였다.

마을 뒤쪽의 야산 기슭에 남서향으로 자리하고 있으며, 공부하는 강당을 앞쪽에 배치하고 사당을 뒤쪽에 배치한 전학후묘前學後廟의 양식을 따르고 있다. 입구의 홍살문과 내삼문·외삼문·사당이 거의 일직선으로 배치되어 있지만, 강당이 축에서 벗어나 사당과 나란히 보이는 점이 특이하다.

수지구 상현동 소재 심곡서원深谷書院은 조선 시대 학자이며 정치가였던 정암 조광조靜菴 趙光祖의 뜻을 기리고 제사 지내기 위해 세운 서원이다. 정암은 조선 중종 때 사림파의 대표로 급진적인 사회개혁을 추진하다가 기묘사화 때 죽임을 당하였다.

서원은 1649년 효종 원년에 심곡深谷이라는 이름과 현판, 토지·노비 등을 임금으로부터 하사받았다. 흥선대원군의 서원철폐령 때에도 무사했던 전국 47개 서원 중의 하나로서, 선현에 대한 제사와 지방교육을 담당하였다.

마을 뒤쪽 야산에 서쪽으로 자리 잡고 있으며, 입구의 홍살문과 내삼문·외삼문·강당인 일소당·사당이 거의 일직선으로 배치되어 있다. 강당은 서원의 여러 행사를 열고 유림이 모여 회의와 학문을 토론하던 장소로서, 각 칸마다 널문을 달아 사면을 전부 열 수 있게 하였다.

와우정사 불두상

불교 문화재이자 유적지로는 처인구 해곡동 연화산의 48개 봉우리가 병풍처럼 둘러쳐진 곳에 위치한 와우정사臥牛精舍는 대한불교 열반종의 총본산이며, 1970년 실향민인 해월 삼장법사가 부처님의 공덕을 빌어 민족화합을 이루기 위해 세운 호국사찰이기도 하다.

사찰에는 황동 팔만 근으로 10년을 걸려 만든 장육존상 5존불, 통일의 종으로 명명되고 88올림픽 때 타종된 황금 범종, 석가모니 고행상苦行像, 미륵반가사유상, 11m의 불두상佛頭像, 우리나라 각지와 세계 각국에서 가져온 돌로 조성한 탑 등이 있다. 특히, 인도에서 가져온 향나무로 만든 높이 3m, 길이 12m에 이르는 누워 있는 부처상은 세계 최대의 나무부처 상으로 기네스북에 올라있다.

예술의 향기를 누리는 문화도시

우리가 살아가는 사회가 성숙해지기 위해서는 경제적 발전과 더불어 문화의 향기를 누리는 여유도 지닐 수 있어야 한다. 우리는 생활 수준이 높아지면서 문화생활을 향유하고 또 주변 환경을 쾌적하게 가꾸는 데 많은 신경을 쓰고 있다. 이는 경제가 발전하여 기본적인 의식주 문제가 해결되고 나면 물질적 풍요 못지않게 정신적 풍요를 추구하게 되기 때문이다.

따라서 문화의 혜택을 일부 소수집단만이 아닌 대다수 사람이 고르게 누릴 수 있도록 해야 한다. 문화는 소유하는 자의 것이 아닌 향유하는 모든 사람의 즐거움이기 때문이다.

이제 도시의 가치도 산업 기반시설의 존재 못지않게 문화시설이 잘 정비되어 있는지 여부가 중요한 요소가 되고 있다. 따라서 지방의 중소도시도 문화공간을 늘려나갈 필요가 있다. 용인도 향기 나는 명품거리, 꽃길, 둘레길, 탄천길, 자전거길 등을 더 많이 조성하고 아울러 문화회관도 마련해야 한다. 이는 지역균형발전과 지방 중소도시의 육성을 위해서도 중요한 과제다. 이렇게 할 때 지역주민들이 행복한 삶을 누릴 수 있게 될 것이다.

용인은 다양한 얼굴을 지니고 있다. 난개발의 도시라는 오명도 있지만, 레저 천국이자 숲이 많은 도시, '사람중심 용인' 등의 브랜드를 지니고 있으며 또한 문화의 도시이기도 하다. 지역 곳곳에 마련된 미술관과 음악당 등의 문화공간은 주민들에게 수준 높은 문화의 향기를 느끼고 누리도록 해주고 있다. 다양한 문화공간 중에서 어디 내놓아도 손색이 없는 몇 곳을 소개하면 다음과 같다.

'이영미술관'은 용인시 기흥구에 있는 현대미술 전문 사설 미술관이다. 경기도 최대의 개인 미술관으로 미술 애호가들에게는 잘 알려져 있으며, 가족 단위 나들이 장소로도 사랑을 받고 있다. 2001년 김이환·신영숙 부부가 개인소장품 200여 점을 바탕으로 설립하였다.

자연 친화적인 아늑한 공간에 들어서면 박생광의 작품을 비롯하여 서양화가 전혁림과 정상화, 조각가 한용진 등 대가들의 작품들을 관람

이영미술관 옥외 전시장

할 수 있다. 특히 민족혼의 화가인 내고乃古 박생광朴生光 작품은 국내 최대의 소장처이다.

한국화 150여 점, 서양화 1,000여 점, 판화 1,000여 점과 조각·공예·서예·사진 작품 250여 점이 있다. 주요 작품으로는 박생광의 400호 대작 〈명성황후〉, 〈가야금 치는 여인〉, 〈신기루 두 번〉, 〈경주 토함산 해돋이〉, 〈성산일출봉〉, 전혁림의 〈코리아 판타지〉, 한용진의 〈막돌 다섯〉, 〈청색과 검은색〉 등이 있다.

부부의 이름에서 한 글자씩 따서 이름을 지은 미술관은 대지 3,216㎡, 연건평 2만 6,057㎡ 규모이다. 9개 동의 건물이 있는데, 한때 양돈

업을 했던 김이환씨가 돼지 3,000마리를 치던 돈사豚舍의 분위기를 살리면서 미술관으로 변화시켜 실내 전시장 5실과 옥외 조각전시장, 체험학습장, 카페 등으로 이루어져 있다.

정원은 잘 가꾸어진 소나무와 각종 석물, 기와, 옹기 100여 개와 초가집 등으로 조성되어 있다. 그러나 애석하게도 미술관은 경영난으로 2020년 말 문을 닫았다.

백남준이 세상을 떠난 지 2년이 되던 해인 2008년, 용인시 기흥구에 '백남준 아트센터'가 문을 열었다. 주변의 길 이름도 백남준로이다. 백남준은 현대예술을 이야기할 때 꼭 빠지지 않는, 세계가 인정하는 예술가이다. 백남준은 세계 최초로 음악과 비디오를 결합한 비디오 예술의 창시자로, 전위적이고 실험적인 공연과 전시회를 선보인 것으로 유명하다.

1963년 독일의 화랑에서 독일 예술가 요제프 보이스와 함께 3대의 피아노와 13대의 텔레비전 모니터를 사용해 개최한 퍼포먼스는 최초의 비디오 예술이었다. 단순히 재미만 주던 텔레비전을 관객들과 하나가 되어 멋진 작품으로 완성시킨 이 백남준의 예술을 '참여예술'이라고도 부른다.

백남준은 유목민 기질과 포용적 정신을 지니고 있었으며, 또 기존의 세계관에서 탈피하고 전위적인 자세를 취함으로써 새로운 예술의 가능성을 열었다. 백남준아트센터는 이러한 그의 예술적 정신세계를 살리기 위해 '백남준이 오래 사는 집'을 지향해 나가고 있다. 이곳에는 백남준이 남긴 많은 작품뿐만 아니라 그에 관한 사진, 영상, 기록, 책 등의 자료를 전시하고 있다.

부지 33,058㎡, 건물 5,605㎡의 규모를 지닌 백남준아트센터는 지상 3층과 지하 2층으로 구성되어 있다. 주요 시설로는 전시실, 비디오 아카이브, 교육실, 세미나실, 아트스토어, 카페테리아 등을 갖추고 있다. 세련된 디자인의 건물 외관은 그 자체가 하나의 미술품이다. 실내 분위기 또한 높은 층고와 널찍한 개방감 그리고 통유리를 통한 채광에 이르기까지 고급스럽고 우아하다.

백남준아트센터

'호암미술관'은 에버랜드 바로 곁에 위치한 사립미술관 겸 정원이다. 삼성그룹 창업자인 호암湖巖 이병철 회장이 수십여 년에 걸쳐 수집한 한국미술품을 바탕으로 1982년에 개관했다. 미술관이라고 하지만 오히려 박물관 같은 느낌을 더 준다.

박물관과 미술관은 다양한 물품을 전시한다는 의미에서 비슷하지만, 전시의 대상과 기능 면에서 차이가 있다. 일반적으로 '박물관'은 사람들이 이루어 놓은 다양한 문화들, 즉 역사와 예술·산업·과학 등의 분야에서 보존할만한 가치가 있다고 판단되는 자료들을 수집하고 전시해 놓은 곳을 말한다.

이에 비해 '미술관'은 주로 미술과 관련된 분야, 즉 회화·조각·공예·사진 등을 수집하여 전시하는 곳을 말한다. 미술관도 크게 보면 박물관museum에 포함되지만 그 둘을 구분하기 위해 미술관을 '아트뮤지엄art museum'이라고 부르기도 한다.

호암미술관은 미술품의 영구 보존을 위해 온습도 자동조절 시설 등 세계적인 수준의 미술품 보존설비를 갖추고 있는 것이 특징이다. 1, 2층에 각 두 개씩 있는 전시실은 기획전시실, 금속공예·민속실, 목가구·목공예실, 고서화실, 불교미술·도자·서예전적실로 구성되어 있다.

그중에서도 대표적인 작품은 〈호작도虎鵲圖〉와 〈수월관음도水月觀音圖〉이다. 단아하고 고요한 분위기를 자아내는 전시장의 국보급 유물들을 차분하게 감상해보면, 한국 전통미술의 진정한 아름다움을 느낄 수 있다.

호암미술관은 호젓한 여행지이기도 하다. 1997년에 한국 전통정원 '희원熙園'을 오픈하면서 주말 가족 나들이 장소로 널리 알려졌다. 소나무와 대나무, 매화와 난초 등 선비의 기개를 상징하는 나무들이 심어진 희원 곳곳에는 연못과 정자, 돌과 조형물들이 조화롭게 꾸며져 있다.

특히 봄이 되면 미술관 주변은 온통 하얀 벚꽃으로 뒤덮이며 가을에

장욱진 고택

는 붉은 단풍으로 물든다. 아울러 새벽 물안개가 자욱하게 깔리는 미술관 앞 호숫가는 오래전부터 사진작가들 사이에서 유명한 촬영 명소로 알려진 곳이기도 하다.

기흥구 마북동에 위치한 '장욱진 고택'은 우리나라 서양화가 1세대로 한국적 추상화를 확립한 장욱진張旭鎭 화백의 가옥으로, 국가등록문화재 404호로 지정된 곳이다. 장욱진 고택은 1884년에 건축되어 화가 장욱진이 1986년부터 1990년까지 거주하며 작품 활동을 하던 곳으로, 고즈넉함과 아름다움을 느낄 수 있다.

140년 가까이 된 한옥과 장화백이 직접 건축한 양옥으로 구성되어 있다. 양옥은 1953년 작품 〈자동차가 있는 풍경〉에 그린 집을 바탕으로 건축되었다. 붉은 벽돌에 검은 지붕, 가운데 현관문과 양옆의 창문 모습이 그림 속의 집을 그대로 옮겨 놓은 듯하다.

한옥은 아담한 크기에 ㅁ자 모양으로 안채, 사랑채, 광으로 구성되어 있고 전체적으로 소박한 느낌을 준다. 장화백은 이곳을 직접 수리하여 작업실과 거주공간으로 삼았다. 고택의 별채인 '집운헌'은 현재 전통찻집과 기념품 판매장으로 이용되고 있다.

'포은아트홀'은 용인시 수지구 포은대로에 위치한 종합 공연시설로, 2012년 오픈하였다. 포은아트홀의 이름은 포은 정몽주 선생의 호에서 따왔다. 세계적 수준과 시설의 복합 문화예술 공간으로, 대형 오페라, 발레, 뮤지컬 등 다양한 공연이 가능하다.

첨단시설을 갖춘 세계적 수준의 공연장으로, 1,258석의 객석, 세계 최고를 자랑하는 ADB社 조명기기와 자가입체음향시스템이 설치되어 있다. 그러나 수원, 성남 등의 주변 도시처럼 독자적인 오케스트라단을 아직 보유하지 못한 것은 미완의 과제라고 하겠다. 또 공연장으로만 활용되는 게 아니라 각종 미술품을 전시하는 갤러리로도 운용되고 있다.

시민들이 여유로운 문화생활을 즐길 수 있도록 마티네 콘서트도 종종 개최되고 있다. '마티네matinée'란 낮시간이 자유롭거나 저녁시간을 내기 어려운 학생, 아동, 주부, 노인 등을 대상으로 펼쳐지는 공연으로, 보통 일주일에 1~2회, 주로 평일 낮에 행해진다. 관객이 덜 모여드는 시간대이므로 할인요금을 제공받기도 하고, 신인배우를 기용하거나 가족적인 프로그램을 짜기도 한다.

이 공연장에서는 뉴욕 메트로폴리탄에서 공연한 작품들을 영화로 상영하고 있다. 메트로폴리탄 오페라단Metropolitan Opera은 1880년 건립된 미국 뉴욕의 가극단으로, 오페라를 매년 200회 넘게 공연한다. 무대 장치에서 음악효과 등은 모두 최신 최고의 설비로 갖추어 놓았다. 그리고 출연진인 연주가와 성악가들 또한 세계 최고의 수준을 갖춘 이들이다.

한편, 이곳에서 공연된 오페라는 고선명 비디오로 녹화되어 전 세계 영화관에서 상영되고 있다. 이를 '메트로폴리탄 오페라 고선명 라이브 Metropolitan Opera Live in HD'라고 하는데, 첫 번째 상영작은 2006년 12월 30일에 공연한 모차르트의 〈마술피리〉 영어 요약본이었다.

이 포은아트홀에서 메트로폴리탄 오페라 작품인 도니체티의 〈사랑의 묘약〉을 감상한 적이 있다. 비록 현장감은 다소 떨어졌지만, 파바로티라는 세계 최고의 테너가 출연한 작품이라 적지 않은 감동을 느낄 수 있었다.

특히, 2막에 나오는 아리아 '남몰래 흘리는 눈물Una furtiva lagrima'은 자주 듣고 있었지만, 극과 함께 감상할 기회를 처음으로 가질 수 있었던 나 역시 남몰래 눈물을 흘린 기억이 남는다.

탄천길 걸어보기

강江은 사람들이 살아가는 데 필수불가결한 식수와 농업용수, 공업용수를 공급하는 생명의 줄기이자 귀한 자원이다. 또한 강물은 인간의 역사를 담고 흘러간다. 말없이 유유자적 흘러가는 그 강물 속에는 많은 사연이 담겨 있다.

아픔의 흔적이 있고 기쁨의 소식도 담겨 있다. 누군가에게 강물은 생명수가 되었고 또 다른 누군가에게는 공포와 재해가 되었다. 누군가에게 강물은 아름다운 시의 소재가 되었지만, 또 다른 누군가에게는 탄식과 슬픔의 대상이 되기도 한다.

강은 자연의 아름다움을 선사하면서 관광과 문화 자원으로 활용되고 있으며, 문학과 예술의 소재가 되고 있다. 런던 템즈강은 영화 〈애수Waterloo Bridge〉의 무대이었으며 파리 세느강은 아폴리네르의 시 〈미라보 다리〉를 탄생시켰고, 라인강은 〈로렐라이 언덕〉의 전설과 노래의 소재가 되었다. 또 빈의 다뉴브강은 수많은 왈츠의 소재가 되었으며, 체코를 흐르는 블타바강은 스메타나의 교향시 〈나의 조국〉 2번째 곡인 '몰다우Vltava, Die Moldau'를 탄생케 했다.

용인에는 호동에서 발원하여 시의 중앙부를 동북 방향으로 흐르는 경인천이 가장 큰 하천으로 자리하고 있으며, 그밖에 탄천 · 신갈천 · 진위천 · 청미천 등이 시내 곳곳을 흐른다.

이중에서 주민들과 가장 친근한 탄천은 용인시 기흥구 청덕동 법화산에서 발원하여 성남시를 거쳐 한강으로 합류하는 지방하천으로, 분당을 거쳐 서울로 유입되는 한강의 제1지류이다.

흐르는 도중 강남구 일원동에서 양재천을 만나 수량을 늘리고 있으며, 마지막 단계에서 올림픽 주경기장 옆을 끼고 보다 큰 한강의 품에 안긴다. 이 탄천을 따라 서울 강남구 삼성동 한강 변에서 용인 마북동 연원마을 사거리까지 약 45㎞의 구간에 자전거도로와 산책길이 조성되어 있다.

탄천은 우리 말로는 숯내라고 한다. 그러나 탄천의 물은 이름처럼 본래부터 검었던 것은 아니다. 탄천이 어떤 시냇물보다 맑았음은 발원지의 마을 이름이 수청동水淸洞임을 보아도 알 수 있다. 얼마나 맑고 푸른 물이 흘렀으면 수청水淸이란 이름을 얻었겠는가? 이런 맑은 물이 숯처럼 검은 물로 인식된 것은 탄천이라는, 잘못 붙여진 이름 탓이라고 전해지고 있다.

이처럼 잘못된 이름이 붙여진 유래에 대한 설화는 두 가지가 있다. 그중 하나는 주로 상류 용인지역에서 내려오는 이야기로 염라대왕의 명을 받은 저승사자가 18만 년을 산 동방삭東方朔을 잡기 위해 검은 숯을 씻은 하천이라는 뜻에서 탄천이라고 이름 지었다는 전설이다.

삼천갑자三千甲子 동방삭을 잡아들이기 위해 보내진 저승사자가 그를 찾기 위해 일부러 숯을 냇가에서 씻고 있었다. 그런데 이곳을 지나가던 어떤 사람이 이를 기이하게 여기고 왜 숯을 물에 씻느냐고 물었다.

이에 저승사자가 숯을 희게 하기 위함이라 답했더니 그 사람이 "내가 삼천갑자를 살았지만 이렇게 우둔한 자는 처음이다" 라며 말을 했다. 이에 그가 동방삭임을 알아챈 저승사자가 그를 옥황상제에 데려갔다. 그 이후로 저승사자가 씻은 숯 때문에 물빛이 짙푸르다고 하여 이런 이름이 붙어졌다는 전설이 있다.

두 번째 설화는 백제 시대에 만들어진 이야기다. 백제의 시조 온조왕이 위례성으로 도읍을 정한 이후, 백제 군사들이 훈련장으로 쓰던 곳에서 음식을 위한 연료로 숯을 많이 만들었다. 훗날 군사들에게 줄

탄천 용인시 구간

냇물의 정수를 위해 숯을 물에 남겨두고 가서 물 색깔이 숯 색깔로 변했다는 얘기도 전해진다. 실제로 조선 시대에 광주廣州군 세촌면 일대에는 숯 공장이 많이 있었고, 이 때문에 '검내'라는 이름으로 부르기도 했다고 한다.

탄천길은 숲이 무성하다. 둑길 옆으로 다양한 종류의 화초와 함께 아름드리나무를 심어 가로변 공원을 조성해둔 것이다. 땅에 닿을 듯 축 늘어진 나무줄기와 키 작은 화초들의 조화가 아름답다. 풀꽃 향기는 이곳을 찾는 이뿐만 아니라 주변에 사는 사람들의 마음까지도 싱그럽게 해준다.

물속에는 피라미와 다슬기, 그리고 꽤 몸집이 큰 잉어에 이르기까지

적지 않은 물고기들이 노닐고 있다. 또 오리 떼들이 먹이를 찾아 수시로 나타나고 있으며 가끔은 왜가리나 백로가 날아들기도 한다.

이 길을 걷노라면 운동이 되기도 하지만 정서적 청량감을 느낄 수 있다. 이따금 길가에 놓여 있는 작은 벤치에 앉아 쉬었다 가기도 한다. 시원한 강바람을 맞으며 두 개의 바퀴가 달리는 자전거의 모습이 상쾌하다. 또 탄천길의 벽면에는 그림과 조형물이 부착되어 신선한 변화를 주고 있다. 이 아름다운 모습을 마음속뿐만 아니라 캔버스와 사진기에 담으려는 사람들도 더러 보인다.

탄천은 여름밤이 되면 더욱 인기가 있다. 개울물 흐르는 소리와 풀벌레 우는 소리를 들으며 더위를 식히기 위해 가족과 함께 이곳을 찾은 주민들은 여기저기 돗자리를 펼치고 앉는다. 가지고 온 음식을 나누며 이야기꽃을 피우느라 밤이 깊어 가는 것도 잊은 듯하다.

그래서 여름철의 탄천은 왁자지껄해진다. 간혹 주변의 노천 음식점에서 한잔 걸치고는 고래고래 소리치는 사람도 보인다. 그 모습들에서 활기차고 진한 삶의 생동감을 느낄 수 있다.

용인시 구간의 탄천은 1993년부터 용인 북서부 지역의 난개발로 생활하수와 공사장 토사가 유입되면서 수질이 급속도로 악화되었던 흑역사가 있다. 하천은 숯내라는 이름처럼 완전히 새까매졌고, 온갖 생활폐수들이 걸러지지도 않고 끊임없이 흘러들어온 탓에 썩은 물 냄새가 진동하면서 지나다니기가 힘들 정도였다.

　이후 용인시는 수질복원과 환경개선 사업을 대대적으로 단행하였고 때마침 난개발도 어느 정도 마무리되면서 탄천의 수질은 크게 개선되었다. 하천 주변 상태 또한 점차 정비되어가고 있다.

　2018년에는 탄천 상류 도심하천 생태복원 사업도 8년 만에 마침내 완공되었다. 기흥구 마북동 구성역 앞에서 언남동 언남1교에 이르는 탄천 상류 2.57㎞ 구간은 도시화로 인해 건천으로 바뀌면서 수질까지 악화되어 하천기능을 상실했던 곳이다.

　이에 용인시는 2011년 탄천 도심하천 생태복원사업을 시작했다. 수질 정화 식물을 심어 수질이 향상된 친수공간을 만들고 시민들을 위한 생태 탐방로도 조성했다. 아울러 3m 폭의 자전거도로를 연장하는 사업도 병행하여 용인~성남~서울 강남에 이르는 자전거도로의 총연장은 45㎞로 늘어났다.

　"당신은 물고기가 뛰놀며 온갖 철새들이 찾아드는 맑고 푸른 강변의 호젓한 오솔길을 천천히 걸어갈 것인가, 아니면 오염된 냄새가 코를 찌르는 강변의 고속도로를 포르쉐 자동차를 타고서 질주할 것인가?"라는 거대담론에 대한 우리의 답변은 이제 명확하다.

　아름다운 탄천이 100만 용인시민들의 청량한 휴식공간이 될 수 있도록 시 당국뿐만 아니라 주민들 또한 끊임없이 노력해야 할 것이다.

광교산 산행

등산을 하는 이유는 매우 다양하다. 그냥 산에 오르는 것 자체가 즐겁다, 다이어트나 체력 단련을 위해 산에 오른다, 정상의 경치와 하산의 상쾌함을 즐긴다, 하산해서 둘러앉아 식사를 하며 반주를 한 잔 들이켜는 쏠쏠한 재미 등 여러 이유가 있다.

사실 등산을 하게 되면 맑은 공기를 마실 수 있으며 적당한 운동량은 건강에 도움을 준다. 여기에 산 정상에 도달하면 성취감도 느낄 수 있다. 또 어떤 이는 그곳에 산이 있기 때문에 오른다고 말하기도 했다.

우리나라 사람들은 등산을 매우 좋아하는 편이다. 이는 전국 어디를 가도 뒷산이 널려있다는 점, 산들이 대부분 낮은 데다 완만한 지형으로 편안하다는 점, 등산로가 잘 정비되어 있는 점, 외진 산길이라도 치안이 비교적 안전한 편이며 맹수가 거의 없다는 점 등에 기인한다.

또 등산은 큰 비용을 들이지 않고도 여가 욕구를 충족시키는 방편이기도 하다. 생활권 내에 적당한 산이 있다면 왕복 교통비와 한두 끼 식대 정도만 챙기면 몇 시간이고 맘 편히 즐길 수 있는 가성비價性比 좋은 취미가 등산이다.

용인에도 작고 야트막한 산들이 무수히 많다. 그중에서 광교산은 이름이 가장 많이 알려진 명산이다. 광교산은 경기도 수원시와 용인시에 걸쳐 있는 높이 582m의 산으로, 백운산과 바라산을 거치면서 서울 남쪽의 청계산과 이어진다.

행정구역 소속은 수원시로 되어있지만, 정상으로 올라가는 가장 가까운 길은 용인시 수지구 신봉동의 서봉사 터에서 시작되는 2㎞의 등산로이다. 예로부터 광교산에는 서봉사를 비롯하여 창성사 등 89암자가 있었다고 전해지고 있으며, 서봉사에는 보물 제9호인 현오국사탑비가 있다.

광교산은 옛부터 용인8경의 하나로 불렸다. 특히 나무에 눈이 수북이 쌓여 있는 겨울 경치의 아름다움은 매우 뛰어나 '광교적설光敎積雪'로 이름이 나 있다. 또 광교산은 백두대간 13정맥 중 하나인 한남정맥漢南正脈의 주봉主峰으로, 해발 582m인 경기 중부권 산하의 상징이자 물줄기의 근원을 이루는 발원지이다.

그리고 광교산은 다사다난한 민족의 역사를 간직한 산이기도 하다. 〈고려야사〉에 의하면, 광교산은 원래 광악산光岳山 또는 광옥산光嶽山이라고 불렸다. 928년 왕건이 후백제의 견훤을 정벌하고 돌아가는 길에 광옥산 행궁에 머물면서 군사들의 노고를 치하하고 있었는데, 이 산에서 광채가 하늘로 솟아오르는 광경을 보았다. 이에 부처님의 가르침을 주는 산이라고 하여 이름을 '광교산光教山'이라 부르라고 했다고 한다.

광교산은 국난극복의 현장이기도 하다. 광교산은 병자호란 당시 김준룡金俊龍 장군이 청나라 군대를 격파한 대첩의 현장이다. 조선은 임진왜란의 상처가 채 가시지 않은 37년 후인 1636년, 또다시 청나라의 침입으로 병자호란을 겪게 된다.

그 와중에 전라병사 김준룡은 1637년 1월 4일부터 6일까지 광교산에서 청나라 장수 양굴리楊古利가 이끄는 청군과 싸워 크게 승리한다. 이 광교대첩은 병자호란 기간에 얻은 최대의 전과로, 청나라 군대에 큰 타격을 주었다.

광교산 중턱 해발 400m 지점에는 김준룡 장군 전승지戰勝地임을 알리는 비碑가 있다. 이는 자연암벽 중간을 비석 모양으로 다듬고 그 안에 글자를 새긴 것으로, 1977년 경기도기념물 제38호로 지정되었다. 중앙에는 큰 글씨로 '충양공김준룡전승지忠襄公金俊龍戰勝地', 좌우 하단에는 '병자호란공제호남병丙子胡亂公提湖南兵'과 '근왕지차살청삼 대장觀王至此殺淸三大將'이라는 작은 글씨가 새겨져 있다. 작은 글씨는 "병자호란 당시 공이 호남의 병사를 이끌고 임금을 뵈러 가는 길에 여 기에서 청나라 대장 3명을 죽였다."는 의미이다.

　광교산은 바위가 그다지 많지 않아 몇 구간을 제외하면 등산로가 평 탄한 편이다. 그리고 능선에는 수목이 울창해 삼림욕을 하듯이 산책하 기에도 나쁘지 않다. 아울러 도시에서 가깝고 등산마니아들의 욕구를 채워줄 다양한 코스를 지니고 있어 용인 사람들뿐만 아니라 외지 사람 들도 자주 찾는다.

　또 광교산 일대는 고기리 계곡과 연결되어 주변에 맛집이 많은 것도 인기를 끄는 요인 중의 하나이다. 그래서 많은 사람이 휴식처 삼아 이 곳을 찾아 부담 없이 산행을 즐기고 돌아간다.

　광교산에서 비교적 잘 알려진 봉우리들은 다음과 같다.

　첫째, 해발 565m의 수리봉은 시루봉 다음가는 높은 봉우리이지만 표지석이 없어서인지 그냥 지나치는 사람이 많다. 그래서 흔히 광교산 의 숨어 있는 암봉으로 불리고 있다. 바위가 꽤 험하지만, 막상 오르면 정상인 시루봉보다도 전망이 더 좋다.

둘째, 떡시루와 닮았다고 이름이 붙여진 시루봉은 해발 582m의 광교산 정상으로 용인시 영역에 위치한다. 정상이라는 것을 알려주는 비석과 전망데크가 설치되어 있다. 북쪽 전망이 가장 좋으며, 날이 좋으면 청계산, 관악산은 물론이고 서울의 남산과 북한산, 도봉산까지 두루 볼 수 있다.

셋째, 종루봉 혹은 비로봉이다. 토끼재에서 시루봉 방향으로 난코스를 따라가다 보면 나오는 봉우리이다. 등산로에서 애매하게 비켜나 있어 시루봉으로 가는 등산객 대부분은 이곳을 잘 들르지 않는다. 그러나 이곳에 있는 2층 정자에 올라서 주위를 둘러보면 형제봉 못지않은 경치를 감상할 수 있다.

넷째, 형제봉은 높이는 시루봉보다는 높지 않지만, 수려한 경관 덕분에 광교산 전체를 통틀어 가장 많은 사람이 방문하는 곳이다. 여기까지는 등산로가 완만하기에 등산복을 입지 않은 사람들도 꽤 눈에 띈다. 밧줄을 타고 바위 봉우리를 올라가는 체험도 할 수 있다. 이름이 형제봉인 이유는, 다른 산들의 형제봉과 마찬가지로 형봉과 아우봉 두 개가 나란히 있기 때문이다. 밧줄이 설치된 봉우리가 형봉이고, 아우봉은 그 뒤쪽 등산로를 따라가다 보면 나온다. 아우봉은 형봉에 비해 작지만, 경사가 가팔라서 오르내리기가 다소 힘들다.

광교산 형제봉

　한편, 등산로 곳곳에는 한철, 구기, 매봉, 백년수, 옹달샘, 천년수 등 다수의 약수터가 있다. 그리고 약수터 부근에는 대부분 체육시설과 화장실도 마련되어 있다. 다만 정기적으로 수질검사를 하는데, 그 결과 간혹 폐쇄되는 곳도 없지 않다. 그중에서도 수질이 가장 좋고 수량도 많은 약수터는 용인시 쪽 등산로에 있는 천년수 약수터이다. 그렇지만, 이 약수터는 일반 등산로와는 고도 차이가 나서 약수터에 들르기 위해서는 산길을 오르내리는 번거로움을 감수해야만 한다.

나는 평소 산행을 그다지 즐겨하지 않는 편이다. 게다가 집과 가까워서 마음만 먹으면 언제라도 오를 수 있다는 느긋한 생각 탓인지 광교산을 본격적으로 올라본 적이 없다. 다만 눈 내리는 겨울날 오후, 눈에 덮인 광교산의 산색이 너무 고와 형제봉 입구까지 산책 삼아 다녀온 적이 있다. 언젠가는 용인시민이라는 권한과 책임감을 지니고 광교산 완주계획을 그려본다.

친환경 생태공원, 레스피아

공원은 사람이 휴식과 보건을 위하여 자유로이 거닐며 쉴 수 있도록 조성한 넓은 정원이나 유원지 등의 사회시설을 말한다. 도시의 공원들은 시민의 삶의 질을 향상시킨다.

처음에는 주로 도시의 미관 시설로 설치되었지만, 갈수록 시민의 휴식과 운동, 행락 등으로 활용도가 커지고 있다. 최근 지구온난화와 환경오염 현상이 심화되면서 공원 조성의 필요성은 한층 커지고 있다.

사람이 많이 모여 사는 대도시는 대기 오염이 심하여 깨끗한 공기 마시기가 점점 어렵게 되고 있다. 이에 지방자치단체들은 시민들이 신선한 공기를 마시면서 쉴 수 있도록 공원과 녹지를 곳곳에 조성하고 있다.

용인시 또한 산림과 수자원이 풍부한 관계로 이를 기반으로 조성된 공원이 많은 편이다. 물론 앞으로도 더 많은 공원을 조성해 나가야 할 당위성에 대해서는 두말할 나위가 없다.

용인에 있는 주요 공원으로는, 용인자연휴양림을 먼저 꼽을 수 있다. 자연휴양림은 수림이 빼어난 국유지에 등산과 삼림욕을 즐길 수 있도록 산림청이 조성한 국민휴식공간으로 전국에 100여 개가 있다. 용인8경의 하나인 '용인자연휴양림'은 해발 562m의 정광산 남쪽 자락 162㏊에 자리 잡고 있다.

수려한 자연경관에 숙박시설과 산책로, 어린이 놀이터 등을 갖춘 체류형 휴식처이다. 여기에는 다양한 체험공간과 레포츠 시설들이 조성되어 있다. 어린이들의 호기심과 동심을 반영한 조합놀이대, 밧줄그네, 배흔들놀이, 흔들그물, 말수레 등의 친환경 목재 놀이시설들을 자연 지형 그대로 살려 숲속에 배치하였다. 이를 무대로 하여 야외학습과 공연이 이뤄지고 있다.

피크닉과 휴식을 위한 8,450㎡의 잔디광장, 족구와 농구 등의 스포츠 활동을 위한 4,700㎡의 다목적운동장, 어린이들을 위한 에코어드벤처인 모험놀이시설 3코스와 공중체험을 느낄 수 있는 짜릿한 짚라인도 6코스가 설치되어 있다. 4.75km의 등산로 및 산책로를 걸으며 사색과 여유를 즐기거나 숲속 데크길을 따라 산림욕과 숲속을 체험할

용인자연휴양림

수도 있다.

　이와 함께 다양한 형태의 숙박시설도 갖추고 있다. 일반인을 위한 숲속체험관은 8평형으로 8실이 있으며 목조체험 주택 3동은 한옥, 몽골, 핀란드식 가옥구조이다. 또 가족 단위 휴양객과 각종 단체 모임이 가능한 숲속의 집은 느티골·가마골·밤티골 등 3개 지구로 구분하여 집약적으로 배치하였다.

　용인에는 호수 주변에 조성된 공원도 여럿 있다. 그중 기흥구의 하
갈·공세·고매동 일원에 있는 '기흥호수공원'은 용인8경의 하나다.
기흥호수공원은 1964년에 조성되었으며 전체면적이 258만㎡에 달할
정도로 넓은, 용인시의 대표적인 저수지이자 시민들의 휴식처이다.

　원래 농업용수를 공급하던 저수지였으나, 급격한 도시개발로 생활
폐수 등이 유입되면서 수질이 4~5등급으로 떨어져 농업용수로는 부적
합할 정도로 오염이 심각해졌다. 이에 용인시는 이 같은 문제를 한 번
에 해결할 기흥호수공원 조성사업을 추진하였다.

　기흥호수공원을 에워싼 10㎞에 이르는 순환산책로는 황토포장 구

기흥호수공원

간을 비롯해 야자 매트 · 부교 · 목재 데크 · 등산로 구간 등으로 이뤄져 지루하지 않게 돌 수 있다. 또 주변에 반려동물 놀이터 · 조류 관찰대 · 조정경기장 · 생태학습장도 둘러볼 수 있다. 야외음악당을 건립할 계획도 가지고 있다.

또 다른 호수공원인 '동백호수공원'은 동백지구 개발의 일환으로 조성되었다. 인근에는 동백동의 중심지인 쥬네브 상가, 동백 이마트 및 상가들이 위치해 있어 이곳을 찾는 사람들이 많다. 호수공원은 10분 내외면 둘러 볼 수 있는 아담한 규모이기에 주민들의 산책코스로 많이 이용되고 있다. 공원에는 음악분수도 있으며, 매주 토요일에는 워터스크린을 이용한 영상도 상영한다. 야외무대에서는 지역 행사나 공연이 자주 열린다.

용인에만 있는 특별한 공원인 레스피아도 있다. '레스피아Respia'는 복원Restoration과 이상향utopia의 합성어로 친환경적인 인공 생태계를 표방하며 조성된 공원을 뜻한다. 구체적으로는 기존의 하수처리 시설을 지하에 매설하고, 지상에는 자연과 잘 어우러진 친환경 생태공원을 조성한 휴식공간을 의미한다.

이 레스피아가 용인에는 기흥 · 구갈 · 모현 · 영덕 등에 조성되어 있으며 그중 가장 유명한 곳은 수지구 죽전2동에 위치한 체육공원으로, 예술품처럼 보인다고 해서 '아르피아Arpia'라고도 불린다.

'아르피아Arpia'가 있는 이 지역은 과거 논과 밭이 가득한 군량뜰이라는 지역이었다. 이곳에 하수처리장을 지으려 할 당시에는 여타 하수처리장과 다르지 않게 모든 시설이 지상에 노출된 형태였다. 그러나 주민들의 반대로 하수처리장을 전부 지하화하고 상부에 공원을 짓기로 계획을 변경한 것이다.

그리고 하수처리 후 남은 가스를 내보내기 위해 108m 높이의 굴뚝을 세우고 전망대도 설치하였다. 전망대에서는 용인 지역이 한눈에 내려다보이며 멀리는 분당과 동탄 신도시, 송파구 롯데월드타워까지도 보인다.

큰 규모의 우레탄 트랙코스와 축구 경기장, 테니스장 및 배드민턴장, 게이트볼장, 리틀야구장, 파크골프장 등 공원의 대부분은 체육시

수지 레스피아와 포은아트홀 전경

설로 활용되고 있다.

　이처럼 용인의 많은 공원 중에서 내가 가장 좋아하는 곳은 우리 집 뒤편에 조성되어 있는 서봉숲속공원이다. 번암가족공원과 바로 연결되어 있기에 공원의 규모가 꽤 큰 편이다. 야트막한 산 능선을 따라 공원을 조성했기 때문에 키 큰 아름드리나무들이 빽빽이 들어서 있어 풍광이 뛰어나다.

　그리고 공원의 많은 부분에는 나무 데크가 깔려 있어 주민들이 산책하기에 매우 편안한 코스이다. 아직 잘 알려지지 않은 편이라 사람이 없는 시간에 이 숲속 길을 걷노라면 바람소리와 새소리만 들려온다. 그래서 나는 호젓함을 즐길 수 있는 이 공원길에 '철학자의 길'이라는 이름을 붙였다.

　서봉숲속공원에는 다양한 종류의 꽃과 나무들이 찾는 이들을 반겨 준다. 먼저 봄이 채 시작되기 전인 3월부터는 노란 개나리와 연분홍 매화꽃들이 살포시 피어난다. 이어 4월로 접어들어 아카시아 꽃이 피기 시작하면 공원 전체는 상큼한 꽃향기로 뒤덮인다.

　아카시아 꽃향기는 은은한 매화 향보다 진하며, 장미보다는 덜 강렬하지만 훨씬 더 상큼하고 순수하다. 아카시아 꽃이 지기 시작할 무렵이면 나무 데크는 하얀 꽃잎들로 수놓아진 꽃길이 된다.

　연이어 6월부터는 밤꽃의 비릿한 향으로 가득해진다. 처음에는 다소 비위에 거슬렸던 그 내음이 어느덧 묘한 매력으로 다가온다. 코로나 바이러스가 창궐한 시대에도 그 길에는 계절마다 여전히 아름다운 향기가 가득했지만, 마스크를 낀 탓에 이를 제대로 즐길 수 없어서 유감스러웠다.

또 한여름이 되면 공원 입구 비탈길에는 보라색의 수레국화와 노란 금계국, 시간이 흐르면서 색상이 바뀌는 나무수국 등의 야생화들이 뒤엉켜 흐드러지게 피어 장관을 이룬다. 나무 데크 길은 그 아름다운 풍광이 초가을까지 이어지다가 늦가을이 되면 낙엽으로 수북이 뒤덮인다. 그리고 겨울이 찾아오면 앙상한 나뭇가지에 피어난 상고대와 하얀 눈꽃이 산책하는 이의 마음을 깨끗이 정화시켜 준다.

서봉숲속공원의 이른 밤

자생식물의 보고, 한택식물원

용인시 백암면 옥산리에 위치한 한택식물원韓宅植物園은 사계절 아름다운 꽃들을 만날 수 있는 공간이다. 이곳에서는 봄이 채 오기도 전인 2월부터 언 땅을 뚫고 자그마한 노란 복수초가 살며시 피어난다. '눈 속에 피는 봄의 여신'이라고도 불리는 복수초는 우리나라 각처의 숲속에서 자라는 다년생 초본이다.

생육환경은 햇볕이 잘 드는 양지와 습기가 약간 있는 곳에서 자란다. 키는 10~15㎝이며, 꽃은 4~6㎝로 줄기 끝에 노란색 한 송이가 피어난다. 복을 받으며 장수하라는 뜻이 담긴 복수초福壽草는 일본과 중국에서도 같은 이름으로 불린다.

튤립이 한창 피어나는 4월부터는 '한택식물원 봄꽃축제'가 시작된다. 이후 여름으로 접어들면 한택식물원은 본격적인 제철의 야생화들을 만나볼 수 있다. 부용, 금꿩의 다리, 뻐국나리, 금강초롱, 물망초, 나도승마, 베르논니아, 산비장이, 플룸바고, 절굿대 등 난생처음 이름을 들어보는 꽃들도 흐드러지게 피어난다.

10월부터 시작하는 '국화/단풍축제'와 '씨앗전시회'는 가을을 보다 가까이 느끼는 기회가 된다. 겨울철에는 온실에서 자라는 열대성 식물들을 만나볼 수가 있다. 이처럼 식물원은 철마다 색이 변하고 달마다 모습이 바뀌지만 가장 화려한 멋을 발휘하는 때는 늦은 봄부터 한여름에 이르는 기간이다.

5월에 볼 수 있는 수백 종의 꽃 중에서 대표적인 것은 아이리스와 모란, 작약이다. 식물원 초입에 자리한 아이리스원은 5월 중순이면 꽃이 활짝 핀다. 5월 초순부터 중순까지 활짝 피는 350종의 모란 뒤를 이어 100여 종의 작약이 만개한다. 6월이 되면 동시에 피어나 아름다움을 뽐내는 120여 종류의 원추리는 노랑, 진홍, 주황, 빨강 등 꽃 색깔도 다양하다.

한택식물원은 1979년부터 조성되어 2003년 정식으로 개원한 국내 최대의 사립식물원이다. 1만 평의 수생식물원을 포함한 전체 면적이 20만 평에 이르며, '야생식물의 보고'라고 부를 만큼 복수초 · 깽

깽이풀 · 한라구절초 · 뻐꾹나리 등 희귀식물을 많이 보유하고 있다. 식물원에서 보유하고 있는 식물종은 자생식물 2,400여 종, 외래식물 7,300여 종 등 총 9,700여 종 1천여만 본에 이른다.

식물원은 가든센터, 사계정원, 허브&식충식물원, 어린이정원, 아이리스원, 원추리원, 자연생태원, 비봉산생태식물원, 무궁화원, 전망대, 월가든, 암석원, 관목원, 숙근초원, 비비추원 1~2, 호주온실, 중남미온실, 난장이정원, 침상원, 잔디화단, 살랑떠러지정원, 시크릿가든, 약용식물원, 음지식물원, 남아프리카 온실, 억새원, 덩굴식물원, 중심단지, 야외공연장, 모란작약원, 나리원, 희귀식물원, 수생식물원 등 총 36개의 주제를 지닌 정원으로 구성되어 있다.

한택식물원 입구

이들 다양한 주제의 정원 중에서도 한택식물원의 심장이라고 할 수 있는 곳은 단연 자연생태원이다. 이곳에는 1만 5천 평의 부지에 1,000여 종의 자생식물이 각각의 생태 환경에 맞게 식재되어 있다. 동원계곡을 중심으로 기존의 자연 숲을 최대한 살려 소나무숲과 참나무숲을 보존하면서 잡목제거와 토양 개량을 우선적으로 하였다.

그리고 광도와 습도, 통풍 등을 고려하여 지형별로 3~5차에 걸쳐 식물을 식재하였다. 식물의 특성에 따라 단일종 식재와 여러 종의 혼식 등 두 가지 방법을 채택했는데, 이는 자연생태가 어떤 상호 보완관계를 지니고 있는지를 잘 보여준다.

계곡을 따라 조성된 자연생태원은 동네 뒷산과 다를 바 없이 보이지만 자연 생태조건과 같은 환경을 만드느라고 8년 동안 공을 들였다고 한다. 흔히 잡초라고 생각하기 쉬운 길가의 풀이나 돌 틈에 핀 꽃들도 이곳에서는 일일이 심고 가꾸어, 식물들의 보물창고나 다름없다. 연중 자생식물의 아름다움을 느낄 수 있으며, 특히 4월 중순에 우아한 자태를 뽐내는 깽깽이풀의 군락지는 가히 환상적이다.

이곳에는 독특한 이름을 지닌 자생식물도 많다. 지름 1m에 가까운 이파리가 달려 쌈을 싸 먹는 식물로 알려진 큰병풍쌈, 이파리가 치마처럼 둥그렇다 하여 이름 붙은 처녀치마, 꽃받침이 매의 발톱처럼 생겼다 하여 이름 붙은 하늘매발톱, 꽃잎 세 개에 이파리가 아홉 개라 하

여 이름 붙은 삼지구엽초 등 생긴 모양새대로 꼬리표가 달린 꽃 이름
이 투박하면서도 정겹다.

또 다른 재미나는 이름을 지닌 식물도 몇 가지 알아보자.
노루오줌은 우리나라 각처의 산에서 자라는 다년생 풀이다. 생육환

한택식물원의 국내 자생식물들

경은 산지의 숲 아래나 습기와 물기가 많은 곳에서 자란다. 키는 60㎝ 내외이고, 잎은 넓은 타원형이다. 꽃은 7~8월에 피며 연한 분홍색으로 길이가 25~30㎝ 정도에 이른다. 뿌리에서 오줌과 비슷한 냄새가 난다고 하여 붙여진 이름이다.

개불알꽃은 난초과에 속하며, 요강꽃, 작란화, 복주머니란 등으로도 불린다. 높이 25~40cm의 줄기에는 털이 드문드문 나 있다. 5~7월에 길이 4~6cm의 붉은 자줏빛 꽃이 줄기 끝에 1개씩 핀다. 꽃잎 가운데 2개는 달걀 모양을 하고 있다.

남아메리카가 원산지인 뚱딴지는 일명 돼지감자라고도 한다. 국화과에 딸린 여러해살이풀로, 키는 1.5~3m이며 전체에 빳빳한 털이 나 있다. 8~10월에 가지 끝에 작은 해바라기처럼 생긴 노란 꽃이 핀다. 땅속에 감자 모양의 덩이줄기가 달리는데, 가축의 사료로 쓰이기도 한다.

상사화는 우리나라가 원산지인 여러해살이풀이다. 잎은 봄철에 나와 6~7월이면 말라 죽는다. 반면 꽃은 잎이 죽은 후인 8월에 피어난다. 잎이 있을 때는 꽃이 없고 꽃이 필 때는 잎이 없기에, 잎은 꽃을 생각하고 꽃은 잎을 생각한다 하여 '상사화相思花'라는 이름이 붙었다. 지방에 따라서는 개난초라고도 한다.

아름다운 상사화의 자태

자생식물이란 개념조차 없던 1979년에 식물원 조성을 시작한 이택주 한택식물원 원장은 우리나라 식물과 종자를 찾느라 설악산, 지리산, 태백산, 한라산, 울릉도, 진도 등 국내 구석구석을 다녔다고 한다. 안 가본 산과 들이 없을 정도로 전국을 돌아다녔다.

그때는 산에서 자생식물 채취하는 것이 별도의 법으로 규제되지 않았다. 그래서 설악산 향로봉에서만 자라는 '난쟁이붓꽃', 울릉도에서 자라는 '두메부추'와 '섬귀노루', 한라산에서 자라는 '비로용담' 등을 채취할 수 있었다. 주왕산 암벽에 자라는 '둥근잎꿩의 비름'을 수집하려다 추락할 뻔한 적도 있었다고 한다.

　　　　　　　　　　　제1부 아름다운 용인

이러한 노력에 힘입어 한택식물원은 국내 희귀식물의 보물창고가 되었다. 가시연꽃, 개병풍, 노랑만병초, 단양쑥부쟁이, 대청부채, 독미나리, 백부자, 연잎꿩의다리, 층층둥글레, 털복주머니란, 홍월귤, 날개하늘나리, 솔붓꽃, 제비붓꽃, 각시수련 등. 그 결과 2001년에는 환경부 지정 희귀 멸종위기 식물 서식지 및 보전기관으로, 그리고 2002년에는 산림청으로부터 사립식물원 제4호로 지정받았다.

한택식물원이 국내에서 처음으로 '생태조경'을 표방한 것도 이런 경험이 깔려있다. 생태조경이란 여러 식물이 어울려 자연과 비슷한 모습을 간직하도록 식물을 배치하는 기법이다. 실제로 이 식물원에선 한 장소에서 복수초, 모란, 작약, 나리 등 4~5가지 식물이 차례로 이어가며 꽃을 피운다. 농약을 전혀 치지 않고 토양의 자생력을 키워 병충해를 막는다는 원칙도 유지하고 있다.

한택식물원에는 국내 자생식물들은 물론이고 외국에서도 보기 힘든 희귀식물들도 다양하게 식재되어 있다. 특히 자연생태원에서는 300여 종의 고산성 식물이 식재되어 알프스의 고산에 가지 않고도 에델바이스나 아르메리아 등 작고 화려한 식물들을 만날 수 있다. 그리고 희귀식물원에는 산림청에서 지정한 희귀식물과 우리 주변에서 점점 사라져가는 멸종위기 식물종이 다수 식재되어 있다.

또 난장이 정원에는 일곱 난쟁이 모형과 함께 키 작은 고산식물이 모여 있다. 이외에도 호주온실에서는 매우 귀한 외래식물을 만날 수 있다. 특히 둘레 3m, 무게 7톤이 넘는 거대한 바오밥나무는 우리나라에서는 이곳에서만 볼 수 있다. 또 코알라의 주식인 유칼립투스뿐만 아니라 호주와 뉴질랜드에서만 자생하는 식물들도 볼 수 있다.

한택식물원은 세계 속의 식물원으로 발전하고 있다. 1994년 영국 여왕 엘리자베스 2세가 한국을 방문했을 때 여기를 꼭 들러보겠다며 방문을 할 정도로 국제사회에도 명성이 알려져 있다.

한택식물원은 단순히 식물을 보고 즐기는 장소에 머물지 않고 체계적인 식물생태 연구와 함께 자원화 연구사업도 지속적으로 수행하면서 인간과 자연이 공존하는 세상을 꿈꾸고 있다. 이를 위해 전시와 문화행사, 교육행사, 지역특산물 체험행사 등 다양한 프로그램을 운영하고 있다.

초등학생부터 고등학생까지를 대상으로 하는 자연생태학교와 전문가 육성을 위한 심화교육 과정인 원예조경학교 운영 등이 대표적이다. 이런 관점에서 한택식물원은 공공기관의 역할도 충실히 수행하고 있다고 할 수 있다. 식물원이 보다 발전되어 나갈 수 있도록 용인시와 중앙정부 차원의 적극적인 지원책이 마련되었으면 하는 생각을 가져본다.

전통문화 공연장, 한국민속촌

민속촌이란 민속이나 전통을 주제로 한 테마파크를 말한다. 민속촌은 고궁과는 또 다르다. 고궁은 왕이 살던 장소인데 비해, 민속촌은 일반 평민들이 살던 곳과 삶을 재현하는 장소이다. 그래서 두 곳의 분위기도 차이가 난다. 즉 고궁의 분위기는 경건하고 우아하며 세련된 느낌을 주는데 반해, 민속촌은 좀 투박하지만 활기차고 편안한 느낌을 준다.

우리나라에는 '한국민속촌' 외에도 민속촌이라는 이름은 사용하지 않지만 남산 한옥마을, 안동 하회마을, 전주 한옥마을, 경주 양동마을 등 여러 군데 민속촌이 있다. 그중에서도 대표 격인 '한국민속촌'은 경기도 용인시 기흥구에 위치한다. '한국민속촌'이라는 이름 때문에 국립시설로 착각하기 쉬우나, 민간기업인 조원관광진흥㈜이 운영하고 있다. 일년 365일 휴일 없이 개장하며 한복을 입고 가면 자유이용권 요금을 할인해준다.

'한국민속촌'은 민족문화자원의 보존, 2세 교육을 위한 현장 학습장, 내외국인을 위한 전통문화 소개 등을 설립 취지로 삼아 1974년에 개장하였다. 한국의 전통문화와 민속적인 삶을 재현하고 있는 이곳

한국민속촌

에서는 조상들의 지혜와 생활 모습을 느낄 수 있다. 부지 29만 3,991평의 규모에 기와집 132동, 초가집 143동의 구조물과 목기류 · 철기류 · 석기류 · 지류 · 농기류 등의 민속품 2만 1,150여 점을 보유하고 있다. 이처럼 역사적 유물과 전통문화 시설을 갖추고 있으며 서울에서 가까워 TV방송국의 역사 드라마나 영화 촬영 장소로도 자주 활용되고 있다.

한국민속촌은 조선 후기의 한 시기를 정해 당시의 생활상을 재현하는 데 초점을 맞추어 구성되었다. 당대 사농공상士農工商의 계층별 의식과 문화, 사회적 제도와 무속 · 신앙 · 풍속 등을 단위 지역으로 연출하고 있다.

그리고 지방별로 특색을 갖춘 농가, 민가와 관아, 서원과 글방, 한약방, 대장간 등을 비롯해 99칸짜리 양반 주택과 토호土豪 주택이 재현되어 있다. 또한 농악, 줄타기, 혼례의식, 민속놀이, 기타 세시풍속 등 무형의 문화유산들을 공연하기도 한다. 옛 장터에서는 빈대떡, 막걸리, 장국밥 등 지역별 다양한 민속 음식을 선보이고 있다.

민속박물관에는 조선 시대의 계급별 옷가지와 노리개 등과 갖가지 생활용구가 전시되어 있으며 아낙네의 베틀 짜는 모습, 글방의 풍경도 재현되고 있다. 또 죽세공, 자수, 매듭, 직조, 민속가구 등의 제작 기법을 재현해 보이는 '움직이는 박물관'에서는 공연 진행자들이 직접 만든 물품도 판매하고 있다.

아울러 민속놀이로 혼례행렬과 농악놀이가 행해지며, 전국민속연날리기대회, 전국민속놀이경진대회, 전국민속그네뛰기 및 널뛰기대회 등의 민속행사가 열린다. 이와 함께 바이킹, 회전목마, 범퍼카 등 어린이들을 위한 각종 놀이기구가 마련된 놀이마을도 별도로 배치되어 있다.

2000년대 초반까지만 해도 한국민속촌은 초등학생들이 현장학습을 위해 방문하는 재미없는 곳이라는 이미지를 벗어나지 못하였다. 이후 다양한 이벤트를 마련하여 관광객들과 상호 소통하는 테마파크로 탈바꿈하려는 노력을 꾸준히 해왔다. 이러한 노력이 어느정도 성공을 거두면서 한국민속촌이 전통문화를 보고 배우는 곳이라는 기존 인식을 넘어, 다양한 이벤트와 공연을 통해 웃고 즐기며 재미를 느낄 수 있는 장소로 인식이 변화되었다. 본격적인 변화가 일어난 2012년 중반부터는 '웰컴 투 조선', '추억의 그때 그 놀이', '사극드라마 축제' 등의 프로그램을 개최하고 있다.

가장 인기 있는 이벤트는 '웰컴 투 조선'이다. 4월부터 6월까지 진행되는 이 프로그램에는 나쁜 사또, 포졸, 화공, 이방, 거지들, 주모, 기생들이 등장하여 재미를 북돋운다. 6월부터 8월 말까지는 '시골외갓집의 여름'이라는 여름 이벤트가 이어진다. 9월부터 11월 말까지 열리는 '사극드라마 축제'는 장옥정이나 소장금, 죄인, 관상가 등 여러 체험

이벤트들로 구성되어 있다.

11월부터 1월 말까지는 흥부와 놀부, 산신령, 우렁각시, 햇님달님 등 고전동화들의 캐릭터가 등장하는 '조선동화실록'이 열린다. 2월부터 3월 말까지 진행되는 '추억의 그때 그 놀이'에는 '이놈!'하고 호통을 치는 이놈 아저씨와 1950년대의 시대 캐릭터들이 등장한다.

이 밖에도 '한국민속촌'에서만 볼 수 있는 특별한 공연도 다수 있다. 대금·해금 등 우리 전통악기의 가락을 들으며 조상들의 풍류와 여유를 느껴보는 소규모 기악공연, 전통 방식 그대로 재연하는 전통혼례식, 전통예술의 아름다움을 고스란히 느낄 수 있는 행렬에 익살스러운

한국민속촌 야간 개장

춘향전 퍼포먼스를 더한 민속 퍼레이드 등이 바로 그것이다.

한국민속촌의 개장시간은 아침 10시부터 저녁 7시까지이나 여름철인 7월 10일부터 11월 1일까지는 오후 9시 30분까지 연장하여 야간개장을 한다. 이 기간 동안 한국민속촌은 '달빛을 더하다'라는 주제로 야간 경관을 고즈넉한 분위기로 연출한다. 이때면 민속마을에는 '달빛정원', '다리 차오른다' 등 아름다운 경관과 조명으로 가득한 포토존이 관람객을 맞이한다. 이에 관람객들은 전통가옥의 멋을 색다른 시선으로 즐길 수 있게 된다. 한편, '달빛을 더하다'는 다음의 의미를 지니고 있다.

'**더**'할 나위 없이 좋은 달빛과
'**하**'늘에 가득 수 놓인 별을
'**다**'르게 저마다 기억하는 밤

그리고 야간개장 특별공연으로 조선 시대 아름다운 사랑 이야기를 그린 멀티미디어 융합 초대형 공연 '연분'이 무대 위에 펼쳐진다. '연분'은 조선 시대 두 남녀의 애절한 사랑을 판소리와 한국무용 등의 전통공연과 LED 퍼포먼스, 쉐도우 아트 등의 디지털 콘텐츠로 표현한 초대형 멀티미디어 융합공연이다.

오랜 시간 전승되어 온 우리 삶 속의 생활풍속과 전통문화를 한데 모아 국내외 관광객에게 소개하는 '한국민속촌'이 우리 고장 용인에 있다는 것이 참으로 자랑스럽다. 앞으로 더 알차고 좋은 프로그램을 통해 국내외 관광객들로부터 사랑을 받을 수 있도록 운영 주체와 함께 용인시와 주민들도 힘을 보탤 수 있으면 좋겠다.

환상의 세계, 에버랜드

'에버랜드'는 우리나라 최대 규모의 테마파크로, 1976년 경기도 용인군 포곡면 전대리 일대에 '용인자연농원龍仁自然農園'이라는 이름으로 개장하였다. 이후 1996년, 지금의 '에버랜드Everland'로 이름을 바꾸었다.

어린이들뿐만 아니라 어른들도 셔틀버스를 타고 에버랜드의 경내로 들어서면 환상의 세계로 들어섰다는 느낌을 받게 된다. 베네치아의 산마르코 광장, 비잔틴식 건물, 파리의 베르사유 궁전, 모스크바의 크렘린 궁전 등 유럽의 각종 이름난 건물들과 만나게 되기 때문이다.

그동안 시설 면에서도 변화와 발전을 거듭하여 2004년에 락 음악을 소재로 한 '락스빌'이 탄생한 데 이어 2005년에는 이솝 우화를 모토로 한 세상에서 가장 큰 동화책 '이솝 빌리지'가 탄생하였다. 또 2008년에는 국내 최초 우든코스터인 'T 익스프레스'를 선보였으며, 2013년에는 수륙양용 사파리 '로스트 밸리'가, 2016년에는 판다를 직접 볼 수 있는 '판다월드'도 탄생하였다.

한마디로 상상할 수 있는 모든 놀거리를 모아 놓아서 사파리, 급류타기, 눈썰매, 스키, 레이싱, 수영을 즐길 수 있으며 숙박시설과 오락실 그리고 미술관까지 있다.

이 다양한 시설 중에서도 손꼽을 수 있는 백미는 정원과 조경시설이다. 자연농원 시절부터 꽃이나 나무 등을 이용한 볼거리 제공에 많은 신경을 써서 산 하나를 통째로 갈아엎는 수고까지 하였다. 이러한 노력으로, 꽃이 필 무렵의 에버랜드는 주변 지역 전체가 화초로 뒤덮이게 되며 계절별로 각종 꽃 축제를 벌이는 것으로도 유명하다. 봄에는 튤립축제, 여름에는 장미축제, 가을에는 국화축제, 겨울에는 눈꽃축제가 인파를 부른다.

에버랜드 내의 주요 조경시설로는 약 1만㎡에 잘하는 포시즌스 가든four seasons garden, 2만㎡에 달하는 장미원, 2019년에 새로 조성된 3만㎡ 규모의 하늘 매화길 등이 있다. 이 정원들은 모두 대한민국 최고로 손꼽히지만, 그중에서도 포시즌스 가든의 조경은 압권이다.

포시즌스 가든에는 철철이 아름답고 향긋한 꽃들로 수놓아져 있을 뿐만 아니라 빅 플라워, 웨딩아치, 꽃 그네, 자이언트 체어giant chair 등 20여 테마의 포토스팟photo spot이 조성되어 이곳을 찾는 관람객들은 화보 속 주인공이 된 듯한 경험과 함께 꽃향기를 맡으며 인생 사진을 남길 수 있다.

포시즌스 가든은 봄이 되면 튤립을 비롯하여 수선화, 라벤더, 무스카리, 루피너스 등 100여 종, 120만 송이의 화려한 봄꽃으로 뒤덮이며 여름철에는 트로피컬 썸머가든으로 운영된다.

여기에는 바나나, 알로카시아, 에크메아 등 해외 휴양지에서 봤던 거대한 잎을 가진 열대식물들이 가득하다. 또 트로피컬 그린월이나 미

포시즌스 가든

　　　　　　　　　　　제1부 아름다운 용인

스트 아치, 컬러풀한 대나무 파라솔 등 청량한 포토스팟도 다양하게 마련돼 있다.

가을에는 황화 코스모스, 국화, 핑크뮬리, 억새 등 25종 약 1,000만 송이의 가을을 대표하는 꽃들이 알록달록 심어져 있고, 할로윈의 상징인 크고 작은 호박들도 아기자기하게 전시되어 깊어 가는 가을을 만끽하기에 더없이 좋다.

겨울에는 LED꼬마전구들이 눈꽃으로 장식되어 관람객들을 환상의 눈나라로 안내한다. 더욱이 눈이 내리기라도 하면 포시즌스 가든과 함께 에버랜드 전체는 하얀 설국의 세계가 된다.

장미원에는 로지브라이드, 스위트드레스, 틸라이트 등 에버랜드가 자체 개발한 20종의 신품종 장미, 그리고 영국 품종 포트선라이트, 미국 품종 뉴돈, 프랑스 품종 나에마 등 세계 각국의 대표 장미 720여 종, 300여 만 송이가 식재되어 있다.

장미는 지금까지 2만 5,000종이 개발되었으나 현존하는 것은 6~7,000종이며, 해마다 200종 이상의 새 품종이 개발되고 있다. 꽃잎의 색상도 흰색, 붉은색, 노란색, 분홍색, 검은색 등 품종에 따라 매우 다양하다. 아름다운 꽃과 함께 오묘한 향이 매혹적이다.

장미원의 테마존에서는 사랑에 빠지고, 프로포즈를 거쳐 결혼식과

장미원

파티를 펼친다는 스토리를 따라 100만 송이 장미와 장미 아치, 조형물 등 다양한 포토스팟을 꾸몄다. 또 감미로운 장미향을 느낄 수 있는 20m 길이의 장미 향기터널도 마련되어 있다.

이 외에도 장미원에서는 물 위에 투영되는 리플렉션을 감상할 수 있는 정방향의 연못과 형형색색의 물줄기가 공중 높이 치솟으면서 환상적인 분위기를 자아내는 분수대, 장미원 전체를 내려다보는 전망대도 만날 수 있다.

새로 정비된 하늘매화길은 단순히 매화만 관람하는 곳이 아니다. 산책로를 따라 걸으면 약 40분이 소요되는 1㎞의 정원은 '마중뜰→대

나무 숲길→꽃잔디 언덕→달마당→하늘길→향설대→해마루→탐매길'
로 이어지는 다양한 체험 거리를 만날 수 있다.

　이 길을 걷노라면 송백과 벗나무 등 30여 개의 분재, 시원한 그늘이
조성된 대나무숲길, 현란한 꽃잔디 언덕, 그리고 은은한 향기 가득한
매화나무 숲 등을 즐길 수 있다.

　이어서 어둠이 내리기 시작하면 정원 군데군데 비치한 빨강, 분홍,
초록, 파랑 빛깔의 야간 조명시설들이 켜지면서 산책하는 사람을 신비
스러운 환상의 세계로 인도한다.

　이름 그대로 매화 향기 그윽한 봄날에 이 길을 산책하는 것이 제격

하늘매화길의 댑싸리

이다. 그렇지만 붉은 빛 코키아가 만발하여 몽환적 분위기를 연출하는 가을에 이 길을 산책하는 것이 나는 더 좋다. 코키아는 명아주과에 속하는 한해살이풀로서 댑싸리라고도 불리는데 싸리 모양으로 자라며 싸리비를 만들 수 있기 때문이다.

한여름에는 연한 녹색이었다가 8월경 작은 꽃을 피운 뒤 지고 나면 서서히 붉은색으로 물들면서 가을철에 절정의 아름다운 경관을 조성한다. 이처럼 색상도 알록달록 예쁘지만 모양까지도 몽글몽글 사랑스럽다.

에버랜드 바깥쪽의 조경도 환상적이다. 용인8경의 하나로 '가실벚꽃'으로 불리는 호암미술관 앞쪽의 연못 위로 조성된 벚나무 숲은 마법의 성처럼 느껴진다. 또 미술관 입구 길거리 양쪽에 심어진 아름드리 벚나무에서 하얀 꽃이 피면 꽃의 터널이 조성된다. 호암미술관 내의 한국 전통정원인 '희원熙園'은 세련되고 우아한 품격을 지니고 있다.

백련사 부근 홈브리지힐 호스텔 입구의 은행나무 길은 고즈넉한 가을의 정취를 맛볼 수 있는 최상의 장소이다. 아름드리 은행나무가 굽이진 길 양옆으로 숲을 이룬 모습은 장관을 이룬다. 더욱이 이곳은 아직 사람들에게 잘 알려지지 않아 호젓해서 더 좋다.

노랗게 물든 은행잎이 나무에 꽉 들어찬 모습에서 가을의 서정을 느낄 수 있는 것은 물론이다. 그런데 은행잎이 가을바람에 하늘하늘 떨어지는 모습, 그리고 은행잎이 길 위에 수북이 쌓여 있는 모습, 떨어진 은행잎이 바람에 휘날리는 모습은 스산한 가을의 정취를 한층 더 진하게 자아낸다.

나는 아름다운 에버랜드의 정원들을 우리 집 정원으로 활용하고 있다. 연간 회원권을 마련하여 두었고, 또 집에서 차로 약 15분 거리에 있기에 언제든지 이곳을 찾을 수 있다. 아파트 생활을 하는 사람은 정원에 대한 로망이 있다. 나는 에버랜드 정원을 찾는 것으로 대리만족을 누리고 있다.

에버랜드는 아름다운 정원 외에도 다양한 볼거리와 놀이기구를 갖춘 종합 테마파크이다. 전 세계의 문화, 음식, 상점, 건축 양식을 모아놓은 글로벌 페어, 이솝이야기를 테마로 한 이솝 빌리지, 유럽 마을을 구현한 유러피언 어드벤처, 동물들의 지상낙원 주토피아, 그리고 이들 시설의 중간중간에 비치한 놀이기구 등으로 이뤄져 있다.

개장 초기에는 사파리 공원이나 물개 쇼, 동물원 등의 주토피아 Zootopia가 주요 볼거리였다. 지금도 물개들이 나와 재미난 서커스를 벌이는 물개 쇼와 느림보장이 판다가 살고 있는 판다월드는 어린이들에게 인기가 많다. 판다는 중국에서 러바오와 아이바오라는 암수 1마리씩을 대여받았는데 얼마 전 새끼를 낳았다.

또 사자와 호랑이, 곰 등의 맹수를 보여주는 사파리월드도 핫플레이스이다. 특히 집채만 한 커다란 곰들이 사파리 카safari car 운전자가 던져주는 비스킷을 받아먹으려고 벌떡 일어서서 쫓아오는 모습에는 관객들이 환호를 보낸다.

이곳저곳에서 펼쳐지는 공연들도 인기가 높다. 그중에서도 가장 인기 있는 공연은 2006년부터 진행되고 있는 거리행진 쇼 '카니발 판타지 퍼레이드Carnival Fantasy Parade'이다. 이 퍼레이드는 주야로 한 번씩 하루에 두 번 공연되고 있다. 퍼레이드 자체도 경쾌하고 재미있지만, 배경음악background music, bgm 또한 중독성이 높아 인기를 끌고

에버랜드의 문라이트 퍼레이드

있다.

퍼레이드는 리우, 베니스, 카리브 등 3개 파트로 구성되어 있다. 퍼레이드의 시작 부분인 리우 파트는 금색 계열의 화려한 플로트카float car 3대를 중심으로 브라질의 삼바 축제를 보여주며, 마스코트인 레니와 라라가 등장한다.

베니스 파트는 베네치아 가면축제를 모티브로, 푸른 계열의 플로트카와 의상이 특징이다. 이 파트의 백미는 기둥 위에서 곡예에 가까울 정도로 아슬아슬하게 춤을 추는 댄서들이다. 마지막 카리브 파트는 붉은 계열과 타악기의 조화로 상당히 열정적인 분위기를 지니고 있다. 퍼레이드의 하이라이트로 마스코트인 잭, 도나, 베이글이 등장한다.

한편, 휘황찬란한 불빛의 꼬마전구로 장식된 플로트카와 댄서들이 진행하는 야간 퍼레이드는 낮의 퍼레이드와 내용은 동일하지만, 훨씬 더 화려한 모습으로 다가온다. 이는 마치 관광과 도박의 도시인 미국 라스베이거스의 낮과 밤의 다른 두 얼굴을 연상시킨다.

포시즌스 가든 곁에 위치한 홀랜드 빌리지는 가장 인기 있는 쉼터이자 파라솔이 비치된 야외 카페촌이다. 인형의 집 같은 자그마한 집들이 다닥다닥 붙어있는 홀랜드 풍의 건축물을 배경으로 한 이곳에는 맥주와 함께 소시지와 폭립, 치킨 등의 안주용 먹거리가 준비되어 있다. 그리고 광장 중앙에 위치한 무대에서는 이따금 스페셜 공연이 개최된다.

일요일 밤 이곳에서 열린 공연에서 가수가 '일요일은 참으세요 Never On Sunday'라는 경쾌한 곡을 멋들어지게 불러 관객들로부터 뜨거운 환호를 받던 모습이 매우 인상적으로 남아 있다. 한편, 그랜드 스테이지 등 공연장 내부에서 펼쳐지는 마술쇼와 뮤지컬 또한 커다란 흥미를 끌고 있는데, 그 수준은 기대 이상이다.

La, la, la~~~

Oh you can kiss me on a Monday

A Monday, a Monday is very very good

Or you can kiss me on a Tuesday

A Tuesday, a Tuesday in fact I wish you would

Or you can kiss me on a Wednesday

A Thursday a Friday and Saturday is best

But never, never on a Sunday

A Sunday a Sunday that's my day of rest

Come any day and you'll be my guest

Any day you say but my day of rest

Just name the day that you like the best

Only stay away on my day of rest

Come any day and you'll be my guest

Any day you say but my day of rest

La, la, la~~~~

에버랜드에서 하루의 마지막은 포시즌스 가든에서 펼쳐지는 레이저쇼와 불꽃놀이로 장식된다. 레이저쇼의 내용은 하나같이 선이 악을 무찌르고 해피엔딩으로 끝나기에, 쇼의 내용보다 연출이 더 돋보이는 측면도 없지 않다.

포시즌스 가든에서는 레이저쇼 공연의 엔딩 장면에서 화려한 레이저 불빛과 함께 수천 발의 폭죽을 하늘 높이 쏘아 올리면서 매일 밤 피날레finale를 장식한다.

특히, 2000년이나 2020년과 같이 좀 더 특별한 의미를 지닌 해의 전날 밤에는 새로운 년도를 카운트다운countdown하면서 평소보다 몇 배나 더 많은 폭죽을 터뜨려 밤하늘을 화려하게 수놓는다.

제2부
용인 사람들 이야기

수지에 사는 이유

　용인시 수지 지역에 산지도 벌써 20년이 다 되어 간다. 지나온 삶의 약 1/3을 보낸 곳이다. 과천에서 공직생활을 하던 나는 2001년 이곳에 아파트를 분양받았다. 아파트가 사무실에서 그리 멀지 않은 거리에 위치해 있을 뿐만 아니라 가격도 적당했기 때문이었다. 그러나 곧바로 스위스 제네바로 발령을 받게 되면서 3년이 지난 2004년부터 이곳에서 본격적인 생활을 하게 되었다.

　용인은 인구 100만 명이 넘는 큰 도시다. 한편에서는 베드타운 혹은 촌구석이라는 비아냥거림을 받기도 하지만, 인구 면에서는 네덜란드의 수도 암스테르담과 비슷하다. 또 SK하이닉스 등 첨단 기업과 산업시설이 다수 들어서고 있는 산업도시이기도 하다.

한국 최대 규모를 자랑하는 테마파크 에버랜드와 한국민속촌이 자리하고 있으며 우리나라에서 골프장이 가장 많은 곳이기도 하다. 이와 함께 용인은 교육도시이기도 하다. 최고의 명문 대학 입학률을 자랑하는 수지고와 용인외고에 자녀를 입학시키기 위해 용인을 찾는 학부모도 적지 않다.

여기에 단국대학교, 용인대학교, 강남대학교 등 다수의 대학캠퍼스도 있다. 이처럼 많은 것을 갖춘 지역에 살고 있다고 해서 "수지 사람들은 수지맞았다"는 농담을 주고받기도 한다.

그러나 용인 수지 사람들에게도 작지 않은 울화와 분노가 마음 한구석에 자리하고 있다. 무엇보다 집값으로 인해 생기는 울화가 가장 크다. 굳이 서울과 비교를 떠나서 이웃 판교와 광교에 비해서도 집값이 턱없이 낮은 수준이다.

내가 사는 50평형 아파트를 팔아서 서울로 이사를 한다면 30평형 아파트 전세조차 구하기가 어려울뿐더러, 강남지역을 기웃거린다면 10평짜리 아파트도 언감생심이 되고 만다. 여기에 생각이 미치면 은근히 부아가 치밀어 오르는 게 솔직한 심정이다.

물론 집값이 지금처럼 뛰는 게 정상은 아니다. 오히려 용인처럼 집값이 커다란 변동을 보이지 않는 게 더 바람직하고 정상적이다. 그러나 다른 지역의 집값은 크게 오르는데 유독 내가 사는 지역만 그 대열에서 빠져있다면 마음이 불편해질 수밖에 없는 게 인지상정이리라! 한시바삐 국가 전체적으로 집값 안정이 이뤄지기를 바란다.

이처럼 용인지역의 집값이 저평가되고 있는 가장 큰 이유는 반드시 인가를 내어 주지 않아도 되거나, 인가가 나서는 도저히 안 될 곳까지도 분별없이 아파트가 들어서고 있기 때문일 것이다. 실제로 용인은 우리나라의 대표적인 난개발 지역이라는 불명예를 지니고 있다.

여기에 서울 도심과의 교통연계가 썩 원활하지 못해 서울 나들이에 어려움을 겪고 있는 것도 큰 이유가 된다. 지하철이 들어와 사정이 다소 나아졌다고는 하나, 아직도 지하철노선이 서울 구도심과는 바로 연결되지 못하고 있어 불편함이 완전히 해소되지 못하고 있는 실정이다.

그럼에도 내가 이곳 용인 수지에 눌러사는 이유는 몇 가지가 있다. 우선 숲이 많아 공기가 맑고 깨끗한 편이다. 여기서는 겨울을 제외하고는 사시사철 창문을 열어놓고 살 수 있다. 한여름에도 창문만 열어놓으면 청량한 바람을 느낄 수 있어서 에어컨을 틀어야만 하는 서울에 비해 행복지수가 높다. 또 탄천으로 나가면 개울물 흐르는 소리와 풀벌레 우는 소리를 들으며 산책할 수 있는 즐거움도 있다.

주차공간이 넓다는 장점도 있다. 서울에서는 주차를 이중 삼중으로 하여 차를 넣고 빼는 게 여간 불편하지 않을 뿐 아니라 접촉사고를 내기도 십상이다. 그러나 수지에서는 한집에 차를 두세 대씩 가지고 있어도 주차공간은 여유가 있다.

문화의 도시라는 점도 매력이다. 지역 곳곳에 조성된 미술관과 음악당 등의 문화공간은 주민들에게 수준 높은 문화의 향기를 느끼고 누리도록 해준다. 호암미술관에는 우리나라 국보급 미술품들이 다수 전시되어 있으며 세계 최초로 음악과 비디오를 결합하여 비디오 예술을 창

용인 백련사 입구의 은행나무 길

시한 백남준 선생을 기리기 위해 조성된 백남준아트센터도 있다.

포은 정몽주 선생의 호에서 따온 포은아트홀은 세계적 수준의 시설을 갖춘 복합 문화예술 공간으로 대형 오페라, 발레, 뮤지컬 등 다양한 공연이 가능하다.

여유 시간을 활용하기도 매우 좋은 곳이다. 우선, 에버랜드가 가까운 거리에 있어서 연간 회원권을 마련한다면 우리 집 정원처럼 수시로 이곳을 찾을 수 있다. 사시사철 예쁜 꽃들로 장식된 포시즌스 가든과 수천만 송이의 장미가 피어나는 장미정원 등은 언제 찾아도 싱그럽다. 한여름에는 재즈풍 생음악을 들으며 생맥주를 들이키는 여유를 즐기는 공간이 된다. 매일 밤하늘을 형형색색으로 물들이는 폭죽은 막힌 가슴을 뻥 뚫어주기도 한다.

1시간 정도의 거리인 북한강변 길은 내가 가장 사랑하는 드라이브 코스다. 북한강을 따라 양수리에서 청평에 이르는 약 10㎞ 구간은 수많은 추억과 사연이 담겨 있는 인생의 반려자와 같은 곳이다. 유유히 흐르는 강물, 짙은 녹음이 우거진 가로수와 철철이 피어나는 아름다운 꽃들로 수놓아진 강변도로의 풍광, 빼곡히 들어서 있는 예쁘고 앙증맞은 카페들은 나를 거의 매주 이곳에 들르게 만든다.

그러나 무엇보다 내가 수지를 떠나지 못하는 가장 큰 이유는 정다운 이웃들 때문이다. 20여 년을 살면서 이런저런 인연으로 많은 이들을 만났다. 이들과 만나서 맛난 음식을 먹거나 한 잔의 술을 기울이며 세상사와 시간을 나눈다.

또 그들은 내가 갑자기 병으로 몸을 가누지 못할 일이라도 생기면 병원으로 데리고 가주거나 보호자 역할을 해줄 수 있는 사람들이다. 서로 소통하고 공감하며 기쁨과 아픔을 함께 나누는 가족과 같은 존재들이다. 오죽하면 서울에 사는 아들 내외가 자기네 집 근처로 이사해 오라고 간절히 청하는데도 단호히 이를 뿌리쳤을까!

나는 이제 어쩔 수 없는 용인 수지 사람이며 앞으로도 그럴 것이다.

수지의 아파트 전경

촌사람이라는 비아냥거림도, 교통이 다소 불편한 점도, 집값이 안 되는 점도 다 감내할 마음의 자세가 되어있다. 그래서 이제 나는 이곳 용인에 뼈를 묻을 생각을 지닌 채 평온하게 살아가고 있다.

.

난개발과 과잉투자의 오명

지금은 많이 정비되고 정화되고 있지만 용인은 여전히 대표적인 난개발 지역이라는 불명예에서 자유롭지 못하다. 원래 용인은 '생거진천 사거용인'이라는 말이 있을 정도로 물이 맑고 풍수가 수려한 곳이었다. 그러나 얼마 전까지만 해도 난개발이 자행되면서 풍수와 경관이 크게 훼손된 상태에 놓여 있었다.

풍부한 산림자원을 활용하여 주민을 위한 공원을 더 많이 조성하고, 또 학교와 문화시설을 확충했더라면 참으로 살기 좋은 도시가 되었을 터인데 하는 아쉬움이 진하게 남는다.

용인은 시 전체가 난개발로 몸살을 앓고 있지만, 특히 산을 깎아 무

아름다운 용인, 용인 사람들이야기

작정 아파트를 지은 수지구, 골프장과 공장을 무더기로 건설한 기흥구 일대는 더욱 심각하다. 종전 개발수요가 급증하던 시절, 시 당국은 인구가 크게 늘어나자 아파트 건축허가를 도시미관이나 교통체증 문제 등을 고려하지 않은 채 무작정 내주었다. 심지어는 아파트와 아파트 사이의 비좁은 틈에 또다시 아파트 건설 허가를 내주는 경우도 없지 않았다. 세수확보에 도움이 된다는 이유로 골프장 또한 마구잡이로 허가를 내준 결과 오늘날 전국에서 골프장이 가장 많은 지역이 되었다.

내가 살고 있는 아파트도 난개발의 피해를 직격으로 입은 곳이다. 아파트 바로 곁의 야트막한 야산에는 숲지대가 형성되어 있으며, 또 식수를 관리하는 수자원공사까지 들어서 있다.

그래서 아파트 분양 당시 건설업자는 우리 아파트 곁에는 절대로 다른 건축물이 들어설 수 없는 매우 쾌적한 주거 환경을 지닌 아파트라며 홍보에 열을 올렸다. 그런데 20년이 지난 후 도저히 건축허가가 나서는 안 될 그 야산에 아파트가 신축되었다. 우리 아파트 주민들의 빗발친 반대 농성도 결국 무위로 돌아갔다.

난개발은 환경오염 등 여러모로 주민들을 괴롭히지만, 특히 지역사회의 교통난을 심각하게 만드는 게 가장 직접적이고 큰 문제라고 할 수 있다. 도로망을 제대로 확충하지도 않고 기존 도로에 덧붙이는 식으로 시가지가 개발되었고, 철도망은 아예 구축하지도 않았다. 이러다 보니 미처 확장공사를 못한 도로구조가 괴이해지고, 대중교통 수단은 버스 하나만 존재하는 상황이 되었다.

그나마 난개발이 어느 정도 진정된 2009년 이후에는 우회하는 도로가 여기저기 생겨나고, 지하철도 분당선과 신분당선이 연장되면서 많이 나아지기는 하였다. 그러나 도로의 폭이 좁아지고 길도 묘하게 하나로 합쳐지는 기이한 현상마저 벌어지게 되었다. 이에 따라 출퇴근 시간에는 서울 시내 못지않은 정체현상이 빚어지기도 한다.

난개발 못지않게 시 당국의 연이은 투자낭비 행위 또한 주민들로부터 공분을 사고 있다. 대표적인 사례 몇 가지를 들어보자.

첫째, 일명 '용인 궁宮'으로 비난받고 있는 엄청난 규모의 행정청사 건립 문제이다. 건축비용으로 1,974억 원이 들어갔는데, 이는 성남시와 부산광역시 다음가는 큰 규모다.

규모는 정부 서울청사 본관의 크기인 연면적 2만 3천 평이며 지하 2층에 지상 16층으로 총 18층이다. 지방자치제도가 시행되기 전에는 시청사 건물을 20층 가까이 짓는 것은 상상키 어려운 일이었다. 이처럼 건물 규모가 크다 보니 냉난방 시스템 가동 등 시설의 관리비용도 커다란 부담이 되고 있다.

수지구청 신청사 또한 사치스럽기로 유명하다. 심지어 인천광역시

청사보다 커서 '수지시 청사'라는 비아냥을 들을 정도이다.

둘째, 용인 경전철 건설 문제이다. 일명 '에버라인Everline'으로 알려진 이 경전철은 개통을 앞둔 상황에서도 많은 문제를 안고 있었다. 민자사업자의 최소수입 보장 문제, 뻥튀기된 수요 예측으로 인한 과도한 보상금 투입 등 여러 문제가 발생해 언제 개통될지 알 수 없는 상황에 처해 있었다. 간신히 2013년에 개통은 했지만, 이제는 운영 면에서 더 큰 문제에 봉착하고 있다.

경전철이 지나는 노선이 처인구 위주로 되어서 정작 인구가 많은 수지구는 혜택을 볼 수가 없다. 자연히 이용객 수가 예상보다 훨씬 적었

용인 경전철 에버라인

제2부 용인 사람들 이야기

고, 이에 따라 커다란 운영적자에 허덕이는 결과를 낳았다. 더욱이 용인경전철주식회사와의 국제소송에서 패소하여 7,786억 원을 물어줘야 했다. 이처럼 경전철 때문에 갚아야 할 빚이 늘어나면서 시의 재정 상황이 한때 크게 악화된 모습을 보인 적도 있었다.

셋째, 용인미르스타디움Yongin Mireu Stadium으로 불리는 새로운 용인종합운동장은 무려 3천억 원의 막대한 예산을 들여 국제 규격의 경기장을 짓고 있다. 문제는 시설 규모가 과도하게 커 엄청난 비용이 투입된다는 것과 운동장의 위치도 좋지 않다는 데 있다.

시 당국은 경안천로 마평동에 있는 기존의 용인종합운동장을 증설

용인 미르스타디움

하는 방안 대신 동백죽전대로변 삼가동에 별도의 대규모 종합운동장을 신설하기로 계획을 세웠다.

그러나 이미 천문학적 비용이 투입되었지만, 불어나는 재정문제로 인해 주경기장을 제외한 보조경기장과 부대시설은 아직 삽도 뜨지 못한 채 미완성으로 있다. 또 경기장이 완공된들 이 방대한 규모의 시설이 도대체 얼마나 잘 활용될 것인지에 대해서도 의구심이 남는다. 여기에 대중교통과의 접근성이 좋지 않아 주민들이 시설을 제대로 활용하기도 어려운 상황이다.

그러면 도대체 왜 이런 문제들이 발생했을까?

첫째, 용인시에 한창 개발붐이 일어나던 당시 시 행정을 담당하던 공무원들의 서투른 행정 능력을 비판할 수밖에 없다. 용인시는 1990년대만 해도 20만 명 정도였던 한적한 농촌 동네가 불과 2~30년 만에 인구 100만을 넘는 대도시로 급성장하였다.

이처럼 급작스럽게 인구가 증가하고 지역개발 사업이 늘어나자 세입이 대폭 늘어나 재정 건전성이 전국에서도 수위권에 올랐다. 그러나 지방행정 공무원들은 늘어난 세수를 시민들의 복지나 도시기반시설 개선 등에 사용하기보다는, 거대한 청사부터 짓거나 '에버라인' 경전철 등 불필요한 치적 사업에 사용하는데 급급했다.

둘째, 시 당국이 도시발전을 위한 체계적인 계획과 전략을 제대로 가지고 있지 않았다는 점이다. 개발사업자가 신청만 하면, 그곳이 맹지이든 자투리땅이든 상관없이, 심지어는 그린벨트까지도 아무런 대책 없이 무조건 승인을 내주었다. 그 결과 산림녹지가 훼손되고 도시미관이 볼품없게 되었을 뿐만 아니라 도로체계도 난맥상을 보이게 되었다.

셋째, 지역개발 과정에서 토건 비리들이 야기되었다는 점이다. 다시 말해 대규모 건설 프로젝트의 인허가 과정에서, 그리고 사업추진 과정에서 공무원들이 토건업자나 토호들과 결탁한 사례들이 적지 않았다. 이는 관련 비리들이 사법기관의 수사과정에서 속속 드러나고 있는 데서 알 수가 있다.

용인은 인구가 갑자기 늘어나면서 개발압력이 굉장히 높은 지역이 되었다. 이는 바꾸어 말하면 발전하기 참 좋은 조건을 지닌 지역이라는 것이다. 문제는 개발압력은 이처럼 높은 데 반해, 개발을 추진하는 시 행정은 이를 제대로 감당하지 못한 채 주먹구구식으로, 제멋대로 이뤄지면서 결국 난개발의 문제가 발생하게 된 것이다. 그리고 그 피해는 고스란히 주민들이 안게 되었다.

지금에 와서 용인의 기저질환이 되어있는 이 난개발 문제를 완전히 해결하기는 매우 어렵겠지만 어느 정도는 치유하고 회복할 수 있을 것이다. 그중 최선의 방안은 곳곳에 공원을 많이 만드는 것이라고 생각된다. 그렇다고 공원 조성에 큰돈을 들일 필요는 없다.

즉 조금이라도 자투리 공간이 생기면 여기에 나무와 화초를 심고 벤치를 놓으면 그만인 것이다. 늦었다고 생각될 때가 가장 이른 시기인 법! 이제부터라도 시 당국과 주민들은 '아름다운 용인', '사람중심 용인', 그리고 '사거용인死居龍仁'과 동시에 '생거용인生居龍仁'으로 만들기 위해 힘을 모아야 할 것이다.

용서고속도로와 신분당선 유감

도시의 기능이 제대로 작동하기 위해서는 도로가 잘 정비되고 교통이 원활하게 소통되는 게 매우 중요하다. 역사적으로 도시의 교통망 발달은 도시의 형성과 발달에 지대한 영향을 미쳤다.

고대나 현대나 발전된 모습을 보인 대부분의 도시는 교통조건이 다른 지역에 비해 좋은 곳들이며, 이로 인해 도시지역의 평면적 확장을 가져왔다. 이는 그만큼 교통은 도시의 성장과 밀접한 관계가 있다는 점을 방증하고 있다. 교통조건이 좋은 곳을 접근성이 높은 지역이라고 말하기도 한다.

용인은 인구 100만 명을 뛰어넘는 대도시이지만 위성도시의 성격을 지니다 보니 서울로 출퇴근하는 사람이 많다. 문제는 서울과의 교통연계가 썩 원활하지 못해서 많은 주민이 출퇴근을 전쟁을 치르듯 하며 어려움을 겪고 있다는 점이다. 출근 시간대에 용인지역에서 이용 빈도가 가장 높은 교통수단인 버스를 타기 위해서는 아침 일찍 서둘러 집을 나서야만 한다. 그렇게 하여도 먼저 나온 사람들로 늘어선 줄은 길기만 하다.

수지에서 광화문까지 운행하는 광역버스 노선은 황금노선이다. 배차 간격이 다소 긴 편이라 차를 한번 놓치면 10분 정도는 기다려야 한다. 더욱이 오랜 기다림 끝에 어렵사리 버스가 나타난다고 하여도 빈 좌석이 없는 경우가 허다하여 만석인 경우, 버스는 정류소를 아예 지나쳐 버린다. 이런 경우 불안한 마음으로 다음번 버스를 기다려야만 한다.

이처럼 버스를 이용해 출퇴근하는 게 힘들어지자 아예 자가용을 끌고 나오는 주민들이 점차 늘어나게 되었다. 그러다 보니 도로에 차량이 증가하여 정체구간이 늘어나면서 출퇴근 소요시간이 더 길어지는 악순환이 일어나고 있다.

어느 통계에 의하면 경기권 지역에서 서울로 출퇴근하는데 소요되는 시간이 하루 평균 3시간이나 된다고 한다. 이에 한 달에 20일만 일한다고 가정해도 1년에 한 달 정도의 시간을 길 위에서 보내고 있는 셈이 된다.

출퇴근 이외의 시간대에도 출퇴근만큼은 아니지만 서울 나들이에 어려움을 겪기는 매한가지다. 현직에서 은퇴하고 나면 과거 직장 동료나 지인들로부터 관혼상제 안내장이 심심찮게 날아든다. 이들 행사는 물론이고 친구들이나 지인들과의 각종 친목모임 또한 서울에서 이루어지는 게 다반사다. 은퇴 초창기에는 이런 행사에 열심히 참석하였으나 시간이 지나면서 웬만한 모임은 그냥 지나쳐 버리게 된다. 모임에 들어가는 비용도 그렇지만 교통편도 신경이 쓰이기 때문이다.

더욱이 저녁 약속은 한층 더 부담이 간다. 술이라도 한두 잔 걸치게 되면 귀가 시간은 더욱 늦어지게 되고 어떤 경우 대중교통이 끊기는 일도 생긴다. 이 경우 시외 할증요금을 내고 택시를 이용해야 하여서 잘 가려고 하지 않는 경우가 다반사다. 그러다 보니 모임이 귀찮아지면서 이번엔 빠지고 다음번에 참석하지 하는 생각이 들기도 한다. 그러면서 차츰 대인관계가 소홀해지고 자꾸만 외톨이가 되어가는 느낌마저 받게 된다.

그나마 다행인 것은 오랫동안 이어진 용인시민들의 빗발치는 탄원과 염원 덕분에 교통상황이 어느 정도는 개선되었다는 점이다. 우선, 2009년부터 용인-서울 간 고속도로인 '용서고속도로'가 개통되었다. 이는 용인시 흥덕지구에서 서울특별시 양재까지를 연결하는 고속도로다. 그러나 여기에는 아직도 적지 않은 의문과 문제들이 남아 있다. 용인시 주민들은 이러한 문제점들이 한시바삐 해결되기를 희망하고 있다.

무엇보다도, 왜 하필 민간자본을 들여 도로를 만들었는지 하는 의문이다. 민자도로인 관계로 주민들은 적지 않은 통행료를 부담해야 한다. 교통량이 그다지 많지 않은 지역에도 정부 부담의 도로가 개통되거나 혹은 통행료 부담이 전혀 없는 도시고속도로를 만들고 있다. 그러면서 왜 교통량이 많은 지역의 도로 개통은 정부가 외면하는지 이해할 수 없는 노릇이다.

다음으로는 고속도로 운영상의 문제점이다. 고속도로 차선이 경기도 지역은 편도 3차선인데 서울로 접어들자마자 2차선으로 줄어들면

용서고속도로 서수지TG

서 병목현상이 심각하다. 그리고 서울 방향의 고속도로 종점인 양재가 서울 도심에서 멀리 떨어진 외곽지역에 위치한다는 것도 문제이다. 만약 고속도로를 연장하여 고속도로 종착지를 좀 더 서울 도심 가까이 옮기거나, 혹은 경부고속도로 양재IC에 연계한다면 최소 10분 이상의 주행시간을 단축할 수 있을 것이다.

끝으로 무엇보다도 큰 문제는 더 이상 고속도로의 역할을 하지 못한다는 점이다. 10년 전 용서고속도로 개통을 반갑게 맞이했던 운전자들이 지금은 아우성을 치고 있다. 개통 초기에는 이용자가 별로 없어 시발점인 흥덕에서 종착점인 양재까지 빠르면 15분 이내에 도달할 수 있었다. 그러나 지금은 출퇴근 시간의 경우 길게는 1시간까지 소요된다. 이는 광교와 동탄 등 신도시가 들어서면서 용서고속도로를 이용하는 차량이 급격히 늘어난 데 기인한다.

이제 용서고속도로는 고속도로의 기능을 상실해버렸다. 그래서 이를 이용하는 운전자들은 "출퇴근용 고속도로가 맞나?" "용서고속도로는 용서가 안 되는 도로이다." 등의 격한 불만을 쏟아내고 있다.

2011년부터 '신분당선' 전철이 개통되어 용인주민들의 출퇴근에 많은 도움이 되고 있기는 하다. 그러나 여기에도 몇 가지 문제가 있다. 우선 노선 이름이 '신분당선'이라는 것이다. 이 노선을 신설한 이유가 용인이나 광교 주민을 위한 것이 아니던가?

지하철이 관통하는 지역만 놓고 보더라도 용인이 가장 넓고 길다. 당연히 노선 이름은 '용인선'이 되어야 한다. 그럼에도 이처럼 작명한 것은 경기도에는 분당만 존재하는 줄 아는 무지의 발로이거나 아니면 용인과 광교 주민을 무시하는 처사이다.

미금역을 추가로 신설한 것도 문제다. 미금역은 애당초 신분당선 노선 신설 계획에는 포함되어 있지 않았고, 실제로 개통된 후 처음 얼마 동안은 없었다. 그러나 이후 미금지역 주민들이 추가로 정거장을 만들 자고 나섰다.

결국 이 민원은 용인과 광교지역 주민들의 엄청난 반대에도 불구하고 받아들여졌다. 이에 적지 않은 노선변경 공사비용이 투입되었으며, 또 용인과 광교 사람들은 그만큼 출퇴근 시간이 지체되는 불편을 안고 살아가게 되었다.

신분당선의 용인 성복역과 롯데몰

또 다른 문제점은 주민들의 접근성을 고려하지 않은 채 지하철역을 만든 것이다. 수지와 광교 지역의 지하철역은 대부분 상가지역에 있다. 그 결과 이 지역주민들은 지하철을 타기 위해 역사까지 마을버스를 타고 가야 한다. 서울처럼 유동인구가 많고 복잡한 곳은 지하철 역사가 상가지역에 위치하는 것이 타당하다. 그러나 용인과 같은 위성도시의 경우 주민이 많이 사는 아파트 주변에 역사를 만드는 것이 지방자치시대가 추구하는 위민행정爲民行政 정신에 부합할 것이다.

노선이 강남역까지만 연결된 것도 문제다. 한 구역만 더 연장하여 고속터미널역까지 연결하면 용인주민들은 사통팔달 서울의 모든 지역으로 손쉽게 이동할 수 있게 된다. 그러나 지금처럼 강남역이 종점인 상황에서 강북지역으로 이동하려면 지하철을 몇 번씩 갈아타야만 한다. 고속터미널역으로 연장이 어렵다면 대안으로 신논현역까지의 연장이라도 한시바삐 추진되어야 한다.

경부고속도로의 만성적인 정체도 한시바삐 시정되어야 한다. 경부고속도로 구간 중 판교IC에서 서초IC까지는 상시 정체구간으로 악명이 높다. 이 구간 약 10㎞를 통과하려면 40분에서 1시간 정도 소요된다. 이는 어제오늘의 일이 아니기에 한시바삐 특단의 대책이 마련되어야 한다. 이 구간에 지하터널을 뚫거나 혹은 지상복층 도로를 설치하는 방안 등도 그중의 하나라 하겠다.

용인 오일장과 쇼핑몰

일반적으로 쇼핑의 동기는 소비자의 구매 욕구에서 시작된다. 그러나 스트레스를 풀고 즐거움을 얻기 위해 쇼핑을 취미로 즐기는 사람도 많다. 날이 갈수록 이런 부류의 사람이 더 많아지는 추세인데, 이러한 사람들을 흔히 '쇼퍼홀릭 shopaholic'이라고 한다.

이들은 실제로 물품구매를 하기도 하지만 진열된 물품을 눈으로만 즐기는 아이쇼핑 또한 즐긴다. 쇼핑이 이뤄지는 장소도 재래시장과 대형마트, 백화점 등 매우 다양하다.

도농복합 도시인 용인에서의 쇼핑 장소는 대형 마트가 대세가 되어있지만, 오일장과 재래시장 또한 여전히 활기를 띠고 있다. 오히려 정감 넘치는 오일장과 재래시장이 '사람중심 용인'을 잘 반영해주고 있다.

우리나라 속담 중에 "남이 장에 간다고 하니 씨오쟁이 짊어지고 따라간다."는 말이 있다. 이보다 더 오일장과 관련하여 실감나는 말도 없을 것이다. 실제로 오일장이 돌아오면 볼일이 없어도 장에 가는 이들이 많았기에 생긴 말일 듯싶다.

오일장은 물건을 사고파는 장소일 뿐 아니라 세상 돌아가는 얘기를 전하고 들으면서 세상 물정에 눈뜨는 장소이기도 했다. 즉 정보를 교

백암 오일장 모습

환하는 마당이요 여론을 형성하는 터전이기도 했다. 지금도 평소에는 조용하던 농촌 마을이 장날만 되면 아연 활기를 띤다.

용인 관내에는 용인장을 비롯하여 백암장, 원삼장, 송전장, 모현장 등 몇 개의 오일장이 선다. 용인은 지리적으로 경기도의 중심에 위치해서 많은 물자가 오가는 통로였다. 그 때문에 예부터 시장이 크게 활성화되었고, 백암장과 김량장이 두 축을 이루며 용인지역의 상권을 이끌었다.

처인구 백암면 백암리에서 열리는 백암장은 과거 농업이 경제의 중심을 이루던 시기에 용인은 물론이고, 인근의 안성과 이천 일부 지역에서도 찾아올 정도로 규모와 위상을 자랑했던 장이다. 특히, 우시장은 전국에서 다섯 손가락 안에 꼽힐 정도로 유명했다. 지금도 백암장에는 자랑거리가 많지만 백암순대는 그중에서도 가장 손꼽히는 명물이다.

기록을 살펴보아도 백암장은 오랜 역사를 지니고 있다. 1770년에 간행된 〈동국문헌비고東國文獻備考〉에 배관장排觀場이란 명칭이 처음 등장한다. 이를 통해 백암장의 옛 이름은 배관장이었으며, 또 그 역사는 2백년이 훨씬 넘은 것으로 추정된다.

현재 시점에서 규모가 가장 큰 오일장은 용인장이다. 용인장도 오랜 역사를 지니고 있으며, 김량천 주변에 장이 서는 관계로 김량장金良場이라고도 불린다. 김량천은 용인 고을과 양지 고을의 경계를 이루던 하천으로, 현재의 자리에 오일장이 서기 시작하면서 교역의 중심이 되어 인구의 집중이 이루어졌다. 1990년대 중반까지만 해도 성남 모란시장과 함께 전국에서 가장 큰 장으로 꼽혔다. 대형마트 등이 들어서며 쇠퇴하기 시작했지만, 만물상이라고 일컬어질 정도로 여전히 규모가 큰 편이며 주민들뿐만 아니라 관광객들도 많이 찾는다.

용인장에는 오래전부터 구전으로 내려오는 재미난 이야기가 있다.

'사길'이라고 불리는 푸줏간 주인이 있었는데, "사길이, 고기 한 근 썰어라."고 하면 저울눈금이 바들바들 떨 정도로 박하게 주고, "김주사, 고기 한 근 주시오." 하면 두 근이나 될 정도로 큼직하게 썰어 저울눈도 보지 않고 주었다고 한다. 박하게 한 근 산 사람이 "똑같은 한 근인데 내 것은 왜 적으냐?"고 따지자, "그것은 사길이한테 산거구요, 저것은 김주사한테 산거예요." 하고 퉁명스럽게 대꾸했다고 한다.

용인 이곳저곳에서는 벼룩시장도 열린다. 매주 토요일 아침 10시부터 오후 3시까지 용인시청 앞에서 열리는 벼룩시장은 전형적인 벼룩시장의 모습을 가장 잘 보존하고 있다. 플리마켓flea market, 즉 벼룩시장은 자신들이 입던 옷, 잡다한 물건 등을 내다 놓고 팔 때 물건들 사이로 벼룩들이 뛰어다녔다는 일화에서 생긴 말이다. 이처럼 구닥다리 같이 느껴지는 벼룩시장이 갈수록 시장의 규모가 커지면서 상설화되거나 일반 상인들이 자리 잡고 판매를 하는 공간으로 바뀌어 가고 있다.

이는 소박하고 서민적인 현지인들의 모습을 볼 수 있고 구경거리가 많아서 재미가 있기 때문일 것이다. 오래전에 쓰던 골동품에서부터 일상생활에 필요한 잡화까지 다양한 물건을 흥정만 잘하면 아주 값싸게 구입할 수도 있다. 벼룩시장은 평일에도 열리지만, 볼거리가 가장 많은 주말에, 그것도 아침 일찍 가는 것이 좋다.

여러 가지 물건을 종합적으로 파는 장소인 쇼핑몰은 쇼핑센터라고도 한다. 넓은 의미에서는 백화점, 면세점, 편의점도 이 부류에 포함된다. 그런데 날이 갈수록 쇼핑몰은 단순히 물건을 사고파는 장소라는 전통적인 개념과 역할을 넘어 외식, 영화관람, 서점 방문 등의 다양한 즐길 거리와 여가를 동시에 해결해주는 문화공간으로 변모하고 있다. 또 쇼핑몰은 난방과 냉방이 잘 돼 있어 추위와 더위를 피하면서 소비와 여가를 즐길 수 있는 장소가 되기도 한다.

용인에도 여느 도시와 마찬가지로 많은 쇼핑몰이 있다. 특히 오렌지팩토리는 용인을 거점으로 다수의 체인을 거느린 유명 의류판매 쇼핑센터이다. 용인시 유일의 백화점인 신세계백화점 경기점은 죽전역에 연결되어 많은 유동인구와 쇼핑객들로 붐빈다. 또 이마트 죽전점, 죽전 로데오거리, 보정동 카페거리 등과도 연계되어 커다란 상권을 형성하고 있다.

2019년 8월에는 성복역 옆에 롯데몰이 들어섰다. 연면적 16만㎡ 규모의 건물에 쇼핑몰과 식당. 영화관 등 다양한 커뮤니티 시설을 갖추고 있다. 지하 1층부터 4층까지는 쇼핑몰과 식당으로 이뤄져 있으며. 5~6층에는 롯데시네마와 정원 등의 문화공간으로 활용되고 있다. 대형쇼핑몰이 들어선 덕분에 유동인구가 늘어나고 또 주변 상권도 활기를 띠게 되었다.

이외에도 전 세계 회원제 창고형 할인매장인 '코스트코Costco'가 2015년 8월 공세점을 개점하면서, 우리나라의 12번째 매장이 용인에 위치하게 되었다. 또 스웨덴의 유명 가구 브랜드인 '이케아Ikea'도 광명시와 고양시에 이어 국내 3호점을 2019년 12월 용인시 기흥구에 개장하였다.

용인에는 또 하나의 색다른 쇼핑명소가 있다. 다름 아닌 기흥구 보라동에 위치한 로또 판매점은 전국 최고의 당첨 확률을 가진 명당이다. '로또 휴게실'이란 상호를 지닌 이곳은 1등 당첨자를 2021년 9월 기준 무려 22명이나 배출하였다. 또 2등에 당첨된 사람은 68명에 이른다. 982회까지 진행된 로또 추첨 중 같은 판매점에서 1등이 22번이나 나온 경우는 극히 드물다. 이는 전국 로또 판매점 7,000여 곳 중 0.2%에 해당하는 것으로 알려졌다.

이러다 보니 자연히 입소문이 나면서 이곳을 찾는 로또족이 크게 늘어났다. 평상시에도 복권을 구매하기 위해 대기하고 있는 자동차 행렬이 100m 이상 길게 늘어서는 바람에 통행을 더디게 한다. 특히, 주말이나 퇴근시간대면 이곳을 이용하려는 차량으로 상습정체가 일어나고, 차선 변경 등으로 교통사고까지 발생하는 실정이어서 용인시는 한 차선을 더 늘리는 도로확장을 단행하였다.

특산품과 축제, 농촌테마파크

　용인은 원래 농업이 주산업으로 미맥을 주로 생산하는 전형적인 농촌이었으나 1990년대의 개발 붐을 타고 도시화·산업화가 진행되면서 이제는 도농복합 도시 또는 산업도시로 변모해 있다. 이제 용인 전체 경제 규모에서 농업이 차지하는 비중은 1%가 채 되지 않는다. 이처럼 농업의 경제적 비중이 줄어들고는 있지만, 농경지 면적은 전체 면적의 18%에 달하며 임야 면적 또한 53%에 이른다. 이에 비해 택지 면적 비중은 아파트가 우후죽순 정신없이 들어섰어도 약 8.5% 남짓할 따름이다.

　'용인농촌테마파크'는 이 지역이 농촌임을 보여주는 상징적인 시설

공간이다. 2006년 9월에 개장한 이곳은 용인8경 중의 하나로, 농촌과 전원 특성에 맞는 규모 있는 공원이자 박물관이다. 또 반복되는 일상생활에 지친 도시 사람들에게 전원체험 공간과 가족 단위의 쾌적한 휴식공간을 제공함으로써, 그들의 몸과 마음을 정화시켜주고 있다.

특히, 어린이들에게는 각종 체험프로그램을 통해 농촌 사랑을 일깨워주고 있다. 평일에는 곤충에 관해 모든 것을 파헤치는 신기한 곤충이벤트, 유리 화분에 색 모래와 상토를 깔고 식물체를 심는 테라리움 terrarium 만들기, 연꽃단지 생태체험 등의 단체체험을 할 수 있다. 또 매주 토요일에는 꽃을 눌러 말린 누름꽃 액자와 나무목걸이 만들기 등 계절별 다양한 농업·농촌 체험프로그램을 운영하고 있다.

총 12만 7천㎡ 규모에 300여 종의 들꽃단지와 원두막, 물레방아, 생태연못, 건강지압로, 잣나무숲, 농경문화전시관, 나비·곤충 전시관, 종합체험관 등 사계절 농촌을 체험할 수 있는 다양한 시설을 갖추고 있다. 입구에 들어서면 사루비아, 팬지, 데이지, 임파첸스, 베고니아, 코리우스 등의 키 작은 화초들이 반갑게 맞아준다.

공원의 중심인 들꽃광장에는 450㎡의 계단식 논과 원두막, 물레방아 연못, 분수대, 바닥분수 등이 조성되어 있다. 이곳을 중심으로 넓게 조성된 정원들에는 철철이 다양한 화초가 심어져 방문객들을 맞이하고 있다. 봄이면 튤립·수선화·패랭이꽃·꽃양귀비·꽃잔디, 여름에는 능소화를 위시하여 털부처꽃·채송화·과꽃·수국, 그리고 가을에는 국화를 비롯해 황화코스모스·댑싸리·핑크뮬리 등이 장식된다.

들꽃정원에 둘러싸여 있는 수생식물원에는 꽃창포 등 수생식물 10여 종이 자태를 뽐내고 있다. 또 여기저기 흩어져 있는 30개의 원두막에서는 가지고 온 음식을 먹으며 쉴 수 있으나 원두막 이용을 위해서는 사전 예약이 필요하다.

가을철에 원두막 위로 박들이 주렁주렁 열려있는 모습은 아련한 옛 고향마을을 떠올리는 한 폭의 그림이다. 이외에도 공원 내에는 여러 개의 쉼터와 잣나무 산책로, 건강 지압을 위한 길 등이 조성되어 있다.

농촌테마파크 방문객은 인근 농장과 용담저수지까지 느림의 여유를 누리는 산책도 즐길 수 있다. 이 구간에는 내동마을, 쫑이랑 마을, 농도원 목장, 백암 도예마을 등 각종 체험농장이 자리 잡고 있다. 농장마다 연근 캐기 체험을 비롯해 다육식물, 딸기 수확, 소젖 짜기, 치즈 만들기, 도자기 체험 등 다양한 체험프로그램을 운영한다.

그리고 농촌테마파크 인근에 있는 총 4.1㎞의 용담저수지 둘레길은 호수를 바라보며 산책하기 좋은 곳이다. 둘레길은 그동안 저수지 수문에 막혀서 걸을 수 없었던 구간에 목교와 나무 데크를 설치하여 전 구

용인 농촌테마파크

간을 이용할 수 있도록 하였다.

비만 오면 질척거리던 흙길 구간에는 야자매트를 설치하거나 골재를 깔아 걷기 편하게 정비했다. 또 급한 경사지역과 좁은 산책로 구간은 안전난간과 나무계단을 설치해 안전성을 높였다.

농촌테마파크 바로 곁에 위치한 내동마을 연꽃단지는 총면적 8.2㏊에 가람백련 등 10여 종의 연과 수련 15종 등 다양한 수생식물 단지가 조성되어 있는 또 하나의 관광명소이다. 연꽃단지의 규모는 양평 두물머리에 위치한 세미원보다 더 큰 편이다. 연꽃은 진흙 속에 자라면서도 깨끗한 꽃을 피우는 청결하고 고귀한 식물로 예로부터 선비들의 사랑을 받아 왔다.

불교에서는 연꽃이 속세의 더러움 속에서 피지만, 더러움에 물들지 않는 청정함을 지니고 있다고 해서 극락세계를 상징하는 꽃으로 간주한다. 또 민간에서는 종자를 많이 맺기에 다산의 징표로 삼아 왔다. 관상용, 식용, 약용 등 다양한 용도로 이용되고 있다.

연꽃은 가장 날씨가 뜨거운 8월경에 만발한다. 태양열은 뜨겁지만, 연꽃단지 사이의 길을 걷노라면 고고한 자태의 분홍과 하얀 연꽃이 마음을 맑게 해준다. 또 아이 키보다 더 큰 잎사귀는 더위를 가려주는 우산 같은 역할을 하고 있다. 연꽃단지가 시작되는 입구 쪽에는 커다란 왕눈이 개구리 조형물이 정답게 놓여 있고, 연꽃밭 중간중간에는 원두막이 놓여 있어 뜨거운 태양열을 피해 잠시 쉬었다 갈 수 있다.

내동마을 연꽃단지의 개구리 조형물

지방의 특산물과 향토 음식은 그 지역의 역사와 전통 그리고 과거의 생활상을 추적하는 데 큰 도움이 된다. 산악 국가인 우리나라는 근대화 이전에는 교통이 불편하여 지역 간 소통이 원활하지 못하여 특정 지역만의 기후 환경이나 자연환경을 활용하여 여러 가지 향토 음식이나 토산품을 만들어 내었다. 좋은 토산품이 되기 위해서는 오래된 역사적 전통성을 가지고 있으면서도 지역성과 밀착되어야 하며, 아울러 그 산물만이 가지고 있는 독특한 특성이 있어야 한다.

용인에도 많은 지역특산물이 있다. 그중에서도 이동읍에서 생산되는 백송상, 모현읍에서 생산되는 크리스탈 퀸, 원삼면 · 남사면 · 백암면 · 모현읍 · 이동읍의 화훼류, 포곡면 · 모현읍의 시설 채소, 남사면의 순지오이, 백암면 · 원삼면 · 이동읍의 백옥쌀, 원삼면의 흑마늘과 배, 고림동의 양계, 백암면의 옥로주와 순대 등이 유명하다.

특히, 백옥쌀은 용인의 기름진 옥토에서 재배된 우수한 품질의 1급 특미로만 선별되어 찰지고 기름지다. 수확에서 출하에 이르기까지 최신의 자동 설비로 수분 측정, 건조, 정미, 청결미 처리가 이루어지고 있다. 또한 쌀겨농법을 이용하고 있어 친환경적이다. 이는 쌀겨를 뿌리면 지방 성분이 많아 기름막을 형성하여 제초 효과가 있어 농약을 쓰지 않아도 되기 때문이다.

축제란 원래 개인 또는 집단에 특별한 의미가 있는 일 혹은 시간을 기념하는 일종의 의식을 의미한다. 하지만 최근에는 축제가 지역기반 문화산업으로 인식되면서 경제적 가치와 더불어 놀이문화의 관점에서 주목받고 있다. 따라서 축제는 점차 효율적인 기획과 제작 방식을 활용하며, 참여자들의 원활한 소통과정을 유도하는 대중적 이벤트 모습을 드러내고 있다. 이러한 축제는 관람객들의 경험 방식에 따라 관람형 축제와 체험형 축제로 나눌 수 있다.

용인의 축제는 주로 에버랜드와 민속촌, 농촌테마파크 등을 중심으로 철마다 풍성하게 벌어지고 있다. 물론 이 밖에도 다양한 축제행사가 펼쳐지고 있다. 용인 음식문화축제는 용인지역의 전통음식을 널리 알리며, 숨은 요리 고수를 찾아내고 음식문화 개선을 위한 다양한 부대행사가 함께 이루어지는 축제이다.

시민 모두가 참여할 수 있는 전통 먹거리 축제의 장을 마련하여 향토음식문화를 정착시키는 한편, 음식산업 발전과 지역경제 활성화에 기여하려는 목적으로 2008년부터 매년 10월에 개최하고 있다.

수지구 신봉동의 '정월대보름맞이 민속축제'는 지난 2003년부터 매년 대보름날에 개최되고 있다. 여기서는 시민의 무사안녕과 한 해의 풍요를 기원하기 위해 지신밟기, 소원지 달기, 풍년기원제, 달집태우기 등의 민속놀이와 축하공연, 불꽃놀이 등이 펼쳐진다.

또 용인마라톤대회가 2004년부터 매년 성대히 개최되고 있다. 하프, 10㎞, 5㎞ 등 3종목으로 개최되는 이 행사에는 참가자와 가족 등 수천 명이 참석하여 하루를 즐긴다. 이 마라톤대회는 경기에 초점을 맞추기보다는 다양한 행사 부스를 통해 더 큰 호응과 관심을 끌고 있다. 행사장에서는 용인지역 특산품인 백옥오이와 백옥쌀, 용인마라톤 대회 상징으로 자리 잡은 두부와 김치, 막걸리 등 풍부한 먹을거리가 제공된다. 또 한택식물원에서는 선착순 1,000명에게 야생화 화분을 선사한다.

용인의 별미와 맛집

'금강산도 식후경食後景'이란 속담이 있다. 아무리 재미있는 일이라도 배가 고프면 관심이 안 간다는 것을 비유적으로 이르는 말이다. 이는 그만큼 식도락은 인생을 살아가는 데 있어 커다란 즐거움 중의 하나라는 의미일 것이다. '식도락食道樂'이란 곳곳을 다니며 여러 가지음식을 두루 맛보는 것을 즐기는 일을 말한다.

사람들이 일반적으로 음식점을 찾게 되는 기준은 음식의 맛, 음식의 비주얼, 가격, 가게 인테리어, 교통, 서비스 등 많은 요소가 고려 대상이 될 수 있으며, 찾는 상황에 따라서 고려 요소 역시 달라질 수 있다. 그러나 많은 기준 중에서도 음식의 맛이 무엇보다 중요하다.

음식 맛이 좋은 집을 통상 맛집이라고 부른다. 산골짜기나 골목 깊숙이 숨어 있거나 크기가 작아 초라해 보이는 음식점이 맛집인 경우도 많다. 위치가 좋지 않은 집은 맛이 뛰어나지 않으면 사람들이 찾지 않으니 당연할 수 밖에 없다.

그중에는 도심에서는 찾기 어려운 특별한 맛을 지닌 곳도 많다. 그리고 음식 맛과 더불어 분위기 또한 도심에서는 느끼지 못하는 그 무엇도 있다. 재미있는 스토리텔링 요소가 숨어 있는 것이다. 이처럼 도심 밖에서 음식을 제대로 즐기는 법은 주인장과 이런저런 이야기도 나누고 또 주변 경치도 감상하며 여유를 가지는 것이 아닐까! 거기다가 가격도 도심보다 훨씬 싼 편이다.

1980년대 후반, 이탈리아의 그레베 시와 인근의 작은 도시에서는 '슬로푸드slow food' 운동이 시작되었다. 이는 당시 전 세계적으로 음식 맛을 획일적으로 만들고 있던 패스트푸드fast food에 반대하여, 지역과 문화적 특성에 맞는 전통음식과 다양한 식생활 문화를 추구하는 운동이었다.

이후 슬로푸드의 개념은 '슬로시티slow city'로 확장되었다. 즉 슬로시티 운동은 먹거리야말로 인간 삶의 총체적 부분이라는 판단에서 우선 지역사회의 정체성을 찾고 도시 전체의 문화를 바꾸는 운동으로 확대된 것이다.

도농 복합도시인 용인은 비록 슬로시티로 지정되지는 않았지만, 오래전부터 향토색 짙은 음식이 다채롭게 존재해 왔다. 또 최근 들어서는 수려한 자연경관과 접근성이 좋은 지리적 위치 등을 기반으로 이름난 맛집들이 여기저기 들어서고 있다. 이에 따라 이제는 전국에서도 유명한 음식도시, 일명 먹자촌으로 손꼽히게 되었다.

　용인을 대표하는 음식을 소개하자면, 먼저 처인구 백암면의 백암순대를 들 수 있다. 백암순대는 돼지고기, 양배추, 양파, 찹쌀, 당면 등을 갖가지 양념에 재워 전통방식으로 만들기에 쫄깃하면서도 부드럽게 섞이는 맛이 일품이다. 또 선지의 비율이 낮은 데다가 크기도 큼지막하여 비주얼도 밝고 좋은 편이다. 이처럼 깔끔한 맛과 푸짐한 비주얼 덕에 내장류를 잘 먹지 못하는 사람들도 거부감 없이 먹는다.

　용인 중앙시장 주변의 순대국밥도 유명하다. 이곳에는 순대집이 골목을 따라 즐비하게 늘어서 있는데, 흔히들 순대골목이라고 한다. 이 골목에 들어서면 순대가 지닌 고유의 특별한 향이 코를 자극한다. 용인의 대표적 브랜드로 알려질 만큼 유명한 이 순대국은 돼지고기와 머릿고기 대신 곱창이 들어가는 것이 특징이다.

　풍천장어도 유명하다. 풍덕천 사거리와 보정동 주변에는 풍미와 전통이 있는 풍천장어집이 여러 군데 있다. 원래 풍덕천에 위치한 '풍천

민물장어집'이 원조이지만, 점차 보정동 쪽으로 옮겨와서 이제는 이곳이 주류가 되었다. 이 지역의 모든 집이 소박한 분위기의 구이집이지만, 다른 지역의 일반 장어구이 집들보다 장어가 튼실하고 양이 넉넉해 인기다. 집집마다 메뉴가 비슷하고 분위기 또한 유사하다.

구멍 뚫린 둥근 탁자에 숯불이 올라오면 식객들은 뜨거운 열기를 참아가며 둘러앉아 장어를 구워 먹는다. 고추장 양념구이와 간장 양념구이도 맛있지만, 장어의 싱싱한 맛을 즐길 수 있는 소금구이가 최고 인기다.

다만, 이곳에서 나오는 장어는 이름과는 달리 대부분 양식장어다. 원래 풍천장어란 전라북도 고창군 심원면에 소재한 선운사 부근 개천에서 나는 특산 뱀장어를 말한다. 그러나 그간 환경의 변화와 남획으로 자연산 풍천장어는 이제 약에 쓰고 싶어도 구하기가 힘들 정도가 되었다.

용인에 소재하는 맛집 몇 곳을 더 소개하겠다.

기흥구 지곡동의 식당 '물레방아'에 가기 위해서는 차를 타고 좁은 시골길을 따라 꽤 깊숙이 들어가야 하지만 찾아가는 노고에도 불구하고 그럴만한 가치가 충분히 있는 곳이다. 주요리인 누룽지 백숙의 맛이 뛰어날 뿐만 아니라 주변 경관도 좋다.

특히 넓은 앞마당에 설치된 물레방아가 시골의 옛 정취를 자아내고

지곡동 물레방아집

있어 어린아이들에게 인기 만점이다. 그래서인지 가족 단위로 많이 찾는다. 음식점 이름이 얼마 전까지는 장수촌이었으나, 동일한 상호의 음식점이 용인에만도 여러 곳이어서 이들과 차별화하면서 아울러 이곳의 자랑거리인 물레방아에 착안하여 가게 이름을 바꾸었다.

유튜버youtub 크리에이터이자 욕쟁이 할머니로 유명한 박막례 할머니가 운영하던 식당은 처인구 포곡읍에 있었다. 할머니 특유의 구수한 말솜씨와 유쾌한 욕설이 친근감을 오히려 더 하면서 유튜버 팬들이 많아졌다. 장사로 다져진 억척스러움을 기반으로 평범한 시청자들은 상상도 못하는 반응과 멘트를 자연스럽게 만들어 내는 것이다.

할머니가 포곡읍에서 오랫동안 운영하던 식당이 도로 구역에 포함되면서 운영을 그만 두게 되었고 현재는 10년간 같이 일하며 배운 딸이 인근에서 새로이 운영하고 있다.

맛집들이 몰려 있는 고기리는 용인뿐만 아니라 전국에서도 유명한 먹거리촌이다. 청계산과 바라산, 백운산 등으로 둘러싸여 있는 고기리는 용인지역의 대표적인 행락유원지로, 유료 낚시터로 관리되고 있는 저수지를 중심으로 주변 15만㎡에 걸쳐 넓게 조성되어 있다. 풍경 또한 광교산을 병풍처럼 두르고 있고, 시원한 물줄기 소리를 들을 수 있는 계곡이 많아 일품이다.

주변에는 족구장을 비롯한 가벼운 체육시설이 갖추어져 있고, 각종 맛집과 카페, 펜션 등이 즐비하며, 어린이 및 가족들과 함께할 수 있는 체험 학습장도 갖추어져 있어 가족 및 단체 모임이나 나들이에 적합하다. 그러나 무엇보다도 이곳 고기리는 맛집이 많기로 정평이 나 있다.

고기리 입구에 '산뜨락'이라는 한정식점이 있다. 이곳은 언덕배기에 위치하여 마을 전체를 내려다볼 수 있는 조망권과 넓고 탁 트인 공간을 지니고 있다는 게 자랑거리다. 또 풀숲이 무성한 마당 한 모퉁이에는 편안히 쉴 수 있는 야외테이블이 비치되어 있어, 이곳에서는 맑은 공기를 마시며 힐링하는 기쁨도 누릴 수 있다.

그래서 나는 가끔 지인들과의 모임을 이곳에서 가진다. 멀리 서울에 사는 이들은 너무 먼 거리를 찾아와야 했다는 불평을 하기도 하지만, 돌아갈 때면 모두 흡족해하면서 다음번 모임도 이곳에서 하자는 제안을 내놓는다.

또 비교적 부담 없는 가격으로 풍미를 즐길 수 있는 한식점을 두 군

고기리 소재 맛집의 테라스

데만 더 소개하기로 한다.

두부 요리점 '두드림'은 누구나 부담 없이 즐길 수 있고 건강에도 좋은 두부 요리를 선보이고 있다. 전문 요리사가 10년 전통 수제 두부와 퓨전 두부 요리를 메뉴로 개발하여 남녀노소 누구나 즐길 수 있다. 코스요리는 튀김두부요리, 두부그린 샐러드, 두부탕수육, 두부버섯전골, 두부경단 등으로 이루어졌다.

'고기리 막국수'집은 막국수는 빨간색이란 고정관념을 깨고 검은색 들기름 막국수를 유행시킨 집이다. 여기는 줄을 서지 않고는 음식 맛을 볼 수 없는 곳으로 이름이 나 있다. 기다림을 거쳐 자리에 앉으면 메밀향 가득한 면 위에 간장, 들기름, 깨, 김 가루가 뿌려진 맛깔스러운 막국수가 나온다.

이 독특한 맛의 막국수는 유명세를 타면서 이제는 매장을 찾지 않고 집에서도 즐길 수 있게 되었다. 유명 식품제조사인 '오뚜기'에서 '고기리 막국수'와 제휴하여 완제품과 육수를 만들어 온라인 몰과 라이브 쇼핑을 통해 시판하고 있기 때문이다.

보정동과 신봉동 카페거리

카페는 커피, 차 등을 마시는 장소를 뜻한다. 그러나 지금은 단순히 커피를 마시는 곳보다는 사람과 만남을 갖는 장소 또는 자신만의 시간을 즐기는 공간이라는 의미에 더 무게가 실린다.

카페를 하나의 문화로 정착시키고 유행시킨 나라는 프랑스이지만 카페의 원형이라고 할 수 있는 형태가 처음 나온 나라는 오스만 제국이다. 1611년 이스탄불에 문을 연 '카흐베하네 Kahvehane'가 카페의 원형이다. 이후 프랑스인들이 이를 모방해 1654년 파리에 '카페'를 열면서 이를 점차 확산시켜 나갔다.

우리나라의 카페 역사는 다방으로 시작되었다. 당시 다방은 화가,

시인 등 예술가들이 모여 토론하고 작품을 전시하는 문화공간이었다. 그리고 커피는 쌍화차처럼 날달걀을 넣어 먹는 게 유행이었다. 그러나 다방은 점차 젊은이들의 데이트 장소 혹은 독서 공간으로 바뀌어 나갔고 커피도 원두향이 강한 아메리카노가 대세로 자리 잡게 되었다.

2000년대 초반, 세계적인 체인점 스타벅스가 국내에 상륙하면서 새로운 커피 문화 붐이 일어났다. 이후 탐앤탐스, 커피빈, 엔제리너스, 카페베네, 투썸플레이스 등의 대기업형 체인점과 소규모 자영업점이 유행하기 시작했다. 특정한 테마를 내세우는 카페들도 많다. 대표적으로는 고양이, 강아지, 라쿤 등을 보고 만질 수 있는 동물 카페, 종업원이 특정 컨셉을 내세우는 집사 카페나 메이드 카페 등이 있다.

우리나라에는 카페들이 모여 있는 카페거리가 다수 있다. 서울의 홍대앞 거리가 대표적이며 신사동 가로수길, 이태원 경리단길, 분당의 정자동 카페거리 등도 이런 범주에 속한다. 지방 곳곳에도 카페거리가 탄생하였다.

그중에는 쓰러져가는 빈민촌을 예술인들이 뜻을 모아 카페거리 혹은 문화의 거리로 부활시킨 곳도 더러 있다. 용인에서는 신봉동 카페촌과 보정동 카페거리가 유명한데, 용인시민뿐만 아니라 인근 지역에서도 많은 사람이 이곳을 찾는다.

신봉동 카페촌은 고기리 카페촌과 연결되어 광범위한 지역에 걸쳐 있다. 이곳의 카페들은 야트막한 산기슭에 위치해 운치와 낭만이 더한다. 멜팅포인트, 위더, 라드, 나보러 코코보러, 곤트란쉐리에, 카페랄로, 브레드하우스 다카포, 코나 헤이븐, 카페 242 등 이름조차 예쁜 곳이 수두룩하다.

그중 한곳인 '카페 예송원'은 브런치와 파스타, 피자, 커피와 음료, 디저트 등을 즐길 수 있는 곳이다. 이곳은 유럽풍의 실내장식도 예쁘지만, 정원은 더 눈길을 끈다. 천년을 넘게 살았다는 향나무가 입구를 지키는 넓은 정원에는 입장료를 내고 봐야 할 것 같은 적송과 백송을 곳곳에서 발견할 수 있다. 이름 모를 꽃들을 보면서 물소리가 졸졸 흐르는 산 중턱으로 향하면 많은 옹기가 놓인 장독대가 보이고, 산바람을 느끼며 앉아서 쉴 수 있는 방갈로도 있다.

기흥구 보정동에 자리 잡은 '보정동 카페거리'는 한국의 대표적인 문화거리로 꼽히고 있다. 이곳은 사각형 형태의 거리 골목길을 따라 예쁜 카페들이 촘촘히 모여 있다. 카페에는 그윽한 향의 커피뿐만 아니라 달콤한 맛의 수제 빵들도 준비되어 있다.

또 거리 구석구석에는 카페뿐만 아니라 다양한 풍미의 음식을 맛볼수 있는 레스토랑, 그리고 예쁜 소품과 옷을 판매하는 가게들도 자리 잡고 있어 식사와 쇼핑을 즐기려 찾는 사람들이 많다.

이곳은 마치 유럽의 자그마한 마을에 온 듯한 매우 독특하고 이국적인 모습이 인상적이다. 이곳 카페들은 제각기 특색 있는 인테리어와 밝고 선명한 색의 벽과 창문에 화분을 비치하거나 귀여운 일러스트를 그려놓는 등 다양한 실내장식을 해두었다. 외관과 이름까지 하나같이 예쁘고 특이하다.

거리에는 차가 다니지 않고 나무도 많아 아늑한 분위기를 자아낸다. 또 거리 곳곳에 나무벤치가 놓여 있어 쉬어갈 수 있으며, 사진 찍기 좋은 자리에는 포토존photo zone이 표시되어 있다. 그리고 골목 안에 심어둔 키 큰 나무들은 초록의 나무터널을 만들고 있다. 이 나무숲은 낮

보정동 카페거리

에는 뜨거운 햇살을 가려주고 밤이면 가지에 장식된 형형색색의 꼬마 전구 불빛이 거리를 더욱 아름답게 비춰준다.

특히, 9월 중순부터 11월 중순까지의 할로윈halloween 기간에는 카페거리가 온통 호박등불로 뒤덮이면서 한층 더 환상적인 분위기를 연출한다. 그리고 축제가 진행되는 기간에는 호박과 해골, 그리고 조명을 이용해 신비로운 분위기를 꾸미고 점포별로 할인 행사나 체험행사, 공연, 선물 증정 등 여러 행사가 거리 곳곳에서 벌어진다.

이곳 카페에서 따끈한 커피를 마시거나, 와플Waffle이나 크레페 Crepe 등 브런치를 먹으면서 이야기꽃을 피우거나 호젓한 분위기를 즐기며 느긋하게 시간을 보내기도 한다. 친구와 연인, 가족과 산책이나 데이트를 즐기기 좋은 공간이다. 이국적이면서도 낭만적인 거리 분위기 덕분에 각종 영화와 드라마 촬영지로도 자주 활용되고 있다.

보정동의 카페들은 대기업 프랜차이즈franchise 커피전문점들과의 경쟁에서 살아남을 수 있는 모델을 제시하고 있다는 평가를 받는다. 이들은 획일화되어 있는 프랜차이즈보다 메뉴 개발과 실내공간 장식에서 전문성, 창의성, 차별성을 드러내고 있다. 프랜차이즈 커피전문점들에 비해 경쟁력을 가질 수 있는 것은 무엇보다 커피 맛이다. 여기서는 전문 바리스타들이 자신만의 독특한 커피 맛을 제공하기 때문이다.

보정동 카페거리는 단국대학교 죽전캠퍼스 인근에 있는데, 카페거리번영회와 단국대학교는 2009년 거리의 명칭을 '보정동 단대문화의 거리'로 부르기로 협약을 맺었다. 이에 따라 약 22,000㎡ 면적에 동서 200m, 남북 120m 정도 거리의 8개 골목마다 소테마거리를 조성하였다.

이곳에서 용인 버스킨 밸리댄스 공연, 할로윈데이 축제, 이웃 나눔 플리마켓 행사 등 다양한 특화 행사와 문화 행사가 열린다. 특히 보정동 카페 문화의 거리번영회 주최로 한 여름에 열리는 '아로마 페스티벌'은 유기농 차와 허브, 커피 등의 음료, 디저트, 아로마 향의 화초 등을 주제로 하는 축제이다. 보정동 4개의 카페거리와 X-Park에서 10일간 진행되며, 행사 기간에는 플리마켓도 들어선다.

이곳의 카페 몇 군데를 소개한다.

북카페 '에코의 서재'는 천장까지 닿는 높은 책장과 〈장미의 이름〉이란 작품으로 유명한 이탈리아 출신의 작가 움베르토 에코의 서재를 상상한 인테리어가 눈길을 끈다. 카페 한 모퉁이에는 "내 이 세상 도처에 쉴 곳을 찾아보았으되 마침내 찾아낸, 책이 있는 구석방보다 더 나은 곳이 없더라"라는 구절이 적혀 있다. TV드라마 〈신사의 품격〉, 영화 〈오싹한 연애〉의 촬영 장소로도 유명하며, 여러 광고에도 등장하였다.

'노네임드 카페no mamed cafe'는 외관부터 시선을 사로잡는 감각적인 카페이다. 실내와 실외 모두 다양한 반려식물과 꽃들로 꾸며져 있어 신선하고 상큼한 분위기를 자아내고 있다. 장식되는 꽃과 소품이 계절마다 달라 매번 색다른 분위기를 느낄 수 있다.

'몬지벨로Mongibello'는 이름도 예쁘지만 실내외에 비치된 의자가 매우 독특하고 앙증맞은 카페이다.

이국적인 분위기에서 나폴리 정통 화덕피자를 맛볼 수 있는 '피제리아 다문PIZZERIA DA MOON'은 이탈리아 레스토랑이다. 이곳은 피자 종류가 20여 종이나 되어 선택의 고민을 자아내는 곳이다.

또 멕시코풍의 음식과 분위기를 맛보려면 '라스 마가리타스Las Margaritas'를 찾아가면 된다. 여기서는 나쵸와 살사소스, 모히또 등 멕시코 전형의 음식료를 즐길 수 있다.

'아임홈I'm Home'과 '문스MOON'S'는 브런치가 맛나서 유명하다. 음식 맛도 좋지만, 분위기도 이름처럼 편안하고 정갈하여 언제나 손님들이 붐빈다. 특히 주말에는 문을 여는 오전 10시부터 사람들이 몰려들면서 활기가 넘친다.

이들 보정동과 신봉동 카페거리도 모두 멋지지만, 개인적으로는 광교 숲속마을에 조성된 카페거리를 더 좋아한다. 광교 숲속마을은 용인과 수원 광교의 경계에 위치하는데, 행정구역상으로는 용인시 상현동이다. 아담하게 정돈된 전원주택 마을로 서봉숲속공원을 바로 곁에 두고 있다. 그래서 공기가 맑고 계절별로 다양한 수종의 아름다움을 만끽할 수 있을 뿐만 아니라, 새소리를 들으며 호젓이 지낼 수 있는 이름 그대로의 숲속마을이다.

숲속마을의 한 모퉁이 150m 정도의 구간에 조성된 카페거리는 용인지역의 많은 카페거리 중에서도 가장 앙증맞고 예쁜 곳이다. 좁다란 길 양쪽 옆으로는 카페와 부티크 가게, 아틀리에와 공방들이 빼곡히 들어서 있다.

카페거리는 이탈리아 레스토랑 본아미코에서 시작하여 릴리, 스토리, 아벡비, 살롱 드슈, 토프레소, 브루노, 젤라, 플라츠를 거쳐 마지막 지점인 베이커리 아일랜드15에 이른다.

어느 곳에서는 저녁 시간이 되면 통기타 라이브 공연을 펼쳐 지나는 사람의 귀를 즐겁게 해준다. 밤이 되어 나무 위에 걸린 꼬마전구에 불빛이 들어오면 카페거리는 더 예쁜 모습을 선보인다.

또 아일랜드15 옆의 광장에서는 매월 한번, 세 번째 토요일이 되면 '마켓포레'라는 이름의 플리마켓이 선다. 기존의 흔한 플리마켓이 아니라 주변에 있는 서봉숲속공원과 카페거리, 작은 도서관 등의 주변 환경을 최대한 활용하여 마을시장과 공연, 체험의 장을 가미한 복합

광교 숲속마을 카페거리

문화행사로 만들어졌다.

이때면 주민들이 직접 만든 수공예제품과 음식, 의류들을 작은 진열
대에 비치하고 오가는 사람들과 얘기를 나눈다. 그 모습은 장사 속에
서 이뤄지는 시장이라기보다는 이웃들과의 왕래를 즐기는 동네 축제
이다. 다만 이 거리도 코로나 사태로 인해 다소 위축된 모습이어서 안
타깝다.

골프천국의 명암

한국인의 골프 사랑은 극진하다. 비가 오나 눈이 오나 골프장은 항상 문을 연다. 플레이어player는 사망하지 않는 한 반드시 약속된 시간과 장소에 나타나야만 한다. 4명이 한 조라서 한사람이라도 약속을 어기면 경기운영이 곤란하기 때문이다.

약속을 어기는 순간 왕따가 되어 원만한 골프 인생을 영위해 나가기 힘들게 된다. 골프마니아들은 기상이변 등으로 갑자기 골프 약속이 취소되면 하루 종일 무기력 상태에 빠져 어쩔 줄을 모른다고 한다.

최근 경제가 어렵다고 하지만 골프장은 항상 풀 부킹full booking 상태를 보이고 있다. 골프 플레이어들의 수도 꾸준히 늘어나 600만 명에 이른다고 한다. 특히 여성 골프 인구가 크게 늘어나는 추세를 보이고 있다. 플레이어들은 너나 할 것 없이 장비를 최고가로 무장할 뿐만 아니라, 새로운 성능을 지닌 골프 클럽이 나오면 여지없이 새것으로 교체한다. 그래서 플레이어들이 동일한 골프채golf club를 지니는 일종의 동조화 현상도 보인다.

이처럼 골프 인구는 크게 늘어나고 있지만, 골프는 서민이 즐기기에는 여전히 경제적 부담이 큰 스포츠다. 그러면 골프는 왜 이렇게 비싼 운동이 되었을까?

우선 무엇보다 우리나라는 골프장 건설비용이 많이 든다. 국토는 좁은데 인구밀도는 높고 산지가 많은 지리적 여건과 잔디 심기에 적합하지 않은 지형과 기후를 지니고 있기 때문이다. 이처럼 골프장 건설에 돈이 많이 들어가다 보니 회원권과 이용요금도 비싸다.

클럽 구입 비용도 부담이 크다. 클럽 풀세트를 갖추려면 보통 수준의 브랜드 기준으로도 100만 원 정도는 족히 들어간다. 골프클럽과 골프웨어 마련 등 초기비용만 200만 원 이상이 소요되고, 30만 원 가량의 골프클럽 가방caddie bag도 마련해야 한다.

여기에 욕심을 내어 성능이 좋다는 우드 1번 드라이버Driver를 구입할 경우 추가로 100만 원 정도가 더 들어간다. 골프를 칠 때 지출하는 비용도 적지 않다. 필드field에 나가기까지 최소 3개월 이상의 레슨이 필요하며, 필드에 한 번 나갈 때마다 20만 원 가까운 비용이 들기 때문이다. 게다가 여성들은 골프패션에도 신경을 써야 하기에 들어가는 돈이 더 많을 수밖에 없다.

우리나라에는 회원제membership 골프장과 일반 퍼블릭public 골프장을 합쳐 500군데 이상의 골프장이 있다. 특히 용인에는 은화삼, 태광, 한성, 아시아나, 지산, 신원 등 이름난 골프장이 30개 가까이 있어, 우리나라에서 골프장이 가장 많은 지역으로 알려져 있다. 실제로 수도권에 사는 사람들은 접근성이 좋고 주변 경관도 수려하기 때문에 용인의 골프장을 자주 찾는다. 이에 흔히들 용인을 골프 8학군 또는 골프천국이라고 한다.

골프장이 많으면 지방정부에게 적지 않은 도움이 된다. 우선 골프장 허가와 건설 과정에서 커다란 재정수입을 취하게 된다. 골프장 운영 과정에서도 적지 않은 재정수입을 거두고 있다. 또 골프장 주변에는 음식점을 비롯해 소규모 상권이 형성된다. 플레이어들은 관례처럼 라운딩 후에는 골프장 인근의 맛집에서 식사를 하면서 그날 있었던 자신들의 경기에 대한 사후 복기를 하며 잡담을 나눈다.

그러나 주민 입장에서는 감내해야 할 고통이 따른다. 우선 환경오염 문제이다. 골프장 건설을 위해서는 막대한 규모의 산과 숲들을 갈아엎어야 하는데 이 과정에서 심각한 환경파괴를 가져온다. 숲이 사라지니 야생 동물들이 보금자리를 잃게 되고 산림자원이 고갈되며, 홍수와 가뭄에 취약해지게 된다.

골프장 건설이 완료되더라도 잔디 관리를 위해 농약을 자주 뿌려서 식수와 수자원 오염을 초래하게 된다. 또 골프장 인근의 교통체증을 유발하는 것도 적지 않은 문제이다.

용인 또한 그러하다. 골프장을 많이 유치한 것이 시 재정운영에는 도움이 되겠지만 이와 동시에 난개발과 환경오염, 교통체증 등 주민복지를 훼손하는 문제도 안고 있다.

용인의 많은 골프장 중 두 곳만 간략히 소개하도록 하겠다.

처인구 한국민속촌 부근에 있는 '남부CC'는 1991년에 개장한 18홀 규모의 골프장으로, 우리나라 최고의 명문 코스로 정평이 나 있다. 무엇보다 회원 수가 한정되어 있어 회원이 대접을 제대로 받을 수가 있다. 클럽하우스를 중심으로 양쪽으로 펼쳐진 18홀은 비슷한 홀이 하나도 없으며, 홀마다 독특한 개성을 지니고 있다.

그래서 초보자에게는 편안함을 주며, 싱글 플레이어에게는 공략적인 난이도와 과감한 구성으로 흥분과 긴장을 동시에 즐길 수 있는 매력적인 코스이다. 특히 #11번 아일랜드 홀은 그린이 인공 연못에 둘러

레이크사이드CC 11번 홀

싸여 있어 볼이 해저드hazard에 빠지지 않게 하려면 정교한 타구를 요하는 홀이다. 여기에 연못 주변에 심어진 수양벚나무의 자태도 환상적이라서 시그니처signature 홀로 불리고 있다.

'레이크사이드CC' 또한 명문 골프장 중의 하나이다. 골프장 전체가 울창한 숲속에 파묻혀 있어 경관이 수려할 뿐만 아니라, 도심에서의 접근성까지 뛰어나 플레이어들로부터 각광을 받고 있다. 수도권 골프장 중에서 가장 큰 규모인 54홀을 지녔으며 PGA 대회도 자주 개최되고 있다.

54개의 홀 중에서도 특히 서코스 11번 파5홀은 난이도가 가장 높으면서도 경관이 수려한 시그니처 홀이다. 또 서코스 9번 파4홀은 알바트로스 홀인원이 발생한 홀이기도 하다. 이는 골프공을 단 1타 만에 홀에 넣는 것을 말한다.

'알바트로스albatross'는 4타에 홀에 넣는 파 세이브par save보다 3
타 적은 기록으로, 1타 적은 버디birdie는 물론이고, 2타 적은 이글
eagle 또는 일반 '홀인원hole in one'보다 훨씬 더 어렵다.

일반적으로 발생할 확률이 홀인원은 1만 2천분의 1, 알바트로스는
200만분의 1에 불과한 것으로 알려지고 있다. 참고로 기준타수보다 1
타수가 많으면 보기bogey, 2타수 더블보기Double bogey, 3타수 트리
플 보기Triple bogey, 4타수 많으면 쿼드러플 보기Quadruple bogey라고
한다.

용인이 시市로 승격되기 이전 군郡이었던 시절, 주변 경관이 수려한
산속의 어느 한 골프장에서 있었던 재미난 에피소드episode를 하나 소
개한다. 자칭 시인인 플레이어가 라운딩 도중 건너편 산언덕을 바라보
면서 "심조불산이면 화녹림산이라"고 시구詩句를 읊었다. 그러자 옆에
있던 캐디가 "수군인용이라"고 맞장구를 쳤다. 그런데 이들이 읊은 시
구의 뜻은 산언덕에 나붙어 있는 플래카드placard에 적힌 경고문 "산불
조심 산림녹화 용인군수"를 뒤집어 읽었던 것이다.

낚시터에서의 추억

낚시꾼들은 "우리는 고기를 낚는 게 아니고 인생을 낚는 것" 이라고 흔히 말한다. 물고기를 잡기는 하지만 어부와는 그 목적이 근본부터 다르다는 것이다. 그래서 물고기잡이를 하나의 취미로 즐기고 있는 낚시꾼을 강태공, 또는 태공이라 부르기도 한다. '강태공姜太公'은 어지러운 세상을 바로잡아 천하를 평정하려는 꿈을 안고 낚시를 드리운 채 기회를 기다렸다는 중국의 역사 속 인물이다.

낚시하는 사람들은 찌가 움직이기를 기다리면서 많은 생각을 하게 된다고 말한다. 그러는 동안 고민이나 스트레스가 자연스레 날아간다는 것이다. 실제로 낚시꾼 중에는 낚는 순간보다 기다리는 시간을 더 즐기는 사람이 종종 있다. 물론 낚시는 거의 핑계고 물가에 텐트를 치고 삼겹살을 구워 소주를 마시거나, 하다못해 라면이라도 끓여 먹으며 한잔하는 것을 더 즐기는 사람도 무시하지 못할 만큼 많기는 하다.

이처럼 낚시는 매우 인기 있는 취미 생활 중의 하나이다. 한번 맛 들이기 시작하면 미친 듯이 빠져든다. 낚시꾼들은 하나같이 자신이 광狂까지는 아니라고 주장하지만, 낚시를 하지 않는 사람들에게는 낚시에 완전히 미쳐있는 사람으로 보일법하다. 그래서인지 낚시 인구는 등산 인구와 맞먹을 정도로 많으며, 각종 낚시 관련 동호인 카페와 방송 프로그램도 크게 늘어나고 있다.

낚시는 비용이 꽤 많이 들어가는 값비싼 취미활동이다. 본격적으로 낚시를 하려면 장비를 마련하는 데만 족히 수백만 원이 들어간다. 또 낚시터가 지방 먼 곳에 있는 경우 오가는 교통비용과 숙식비용 등 부수적으로 들어가는 비용도 만만찮다.

여기에 많은 시간이 투입되고 그마저도 주로 혼자서 시간을 보내기에 자칫 가족들과 소원해지기 쉽다. 더욱이 낚시에 맛 들인 남자들은 집안일을 도외시하거나 아예 집에 들어오지 않는 경우도 자주 벌어지고 있다. 그래서 대부분의 여성은 낚시를 매우 싫어한다.

낚시를 하는 도중에 종종 큰 사고를 당하기도 하는데, 특히 바다낚시와 갯바위 낚시 과정에서 사고가 많이 생기는 편이다. 배로만 갈 수 있는 무인도나 고립된 바위에서 낚시를 하다가 날씨가 나빠지면 배가 뜨지 못해 낭패를 당하는 경우도 종종 있다. 심지어 높은 파도에 휘말리거나, 보트를 타고 낚시를 하다가 장애물에 부딪혀 큰 사고를 당하기도 한다. 또 겨울에 낚시하다 물에 빠져서 저체온증으로 죽는 경우도 없지 않다.

특히 낚시터에서 벌어지는 술판은 사고 확률을 크게 높이고 있다. 자신이 낚시로 잡은 생선으로 회를 치거나 매운탕을 끓여서 이를 안주 삼아 술 마시는 것을 커다란 즐거움으로 여기는 낚시꾼이 적지 않다. 술을 마셔서 휘청거리다가 물에 빠지는 일도 생기는데, 음주 후 차가운 물에 빠지면 심장마비가 올 확률이 더 커진다. 미국에서는 가장 많은 사람이 죽는 스포츠 또는 취미활동이 낚시라고 한다.

낚시의 종류에는 여러 가지가 있다. 먼저 낚시를 하는 장소에 따라 민물낚시와 바다낚시로 나뉜다. 또 낚시 도구에 따라 찌낚시, 루어낚시, 플라이낚시 등으로 분류되는데, 그중 민물 찌낚시가 가장 대중적이다.

민물낚시는 강이나 저수지, 호수 등 민물 수역에서 즐기는 낚시다. 붕어, 잉어, 향어, 배스가 주로 잡히지만, 메기나 가물치, 쏘가리도 가끔 잡힌다. 붕어 낚시는 길이와 수심별로 여러 낚싯대를 편성해놓고 각종 식물성, 동물성 떡밥을 다양하게 이용하는 등 아예 별개의 낚시 장르로 분류되기도 한다.

바다낚시는 방파제나 갯바위에 앉아서 하는 낚시, 배를 타고 멀리 나가는 선상 낚시 등 종류가 다양하다. 당연히 장소에 따라 주로 잡히는 어종이 달라지며, 그에 따라 낚시 방법 또한 달라진다. 주요 어종은 농어, 볼락, 방어, 참돔, 광어, 갈치, 우럭, 주꾸미, 오징어, 한치, 문어 등이다.

바다낚시는 파도가 치고 바람도 거세기 때문에 민물낚시에 비해 사고가 많이 일어난다. 특히, 갯바위낚시는 초보자의 경우 경험자와 동행하는 것이 좋다. 이는 갯바위 주변은 물가로부터 급하게 깊어지는 부분이 많고 조류의 영향을 강하게 받아 물고기가 많이 모이지만, 그만큼 위험성도 크기 때문이다.

어떻게 물고기를 낚느냐에 따라서도 낚시의 장르가 구분된다. 크게 네 가지로 나누면 찌낚시, 원투낚시, 루어낚시, 플라이낚시가 있다. 찌낚시는 낚시하면 보통 연상되는 것으로, 바늘에 지렁이나 새우 등의 생미끼를 꿰고 봉돌이 달린 긴 낚싯대를 이용한 낚시를 말한다. 물속에서는 무슨 일이 일어나는지 보기 어렵기에 찌라는 도구를 사용해서 물고기가 미끼를 물었음을 감지한다.

일반적으로 낚시꾼들은 자기 낚시 자리 주위에 사람이 돌아다니는 것을 싫어하는 편이다. 특히 찌낚시는 더욱 그러하다. 이는 물고기들은 경계심이 매우 강한 만큼 정숙을 요구하기 때문이다. 실제로, 붕어와 감성돔은 사람의 말소리보다 발자국 소리에 더 민감하게 반응한다.

원투낚시란 낚싯줄에 미끼와 10g 이상의 무거운 봉돌을 달아 멀리 던져서 바닥에 가라앉힌 다음 바닥에 있는 물고기를 낚는 것이다. 일단 미끼를 투척한 다음에는 그냥 기다리면 되고 어려운 기술을 요구하지 않으며 장비 마련에 드는 비용도 저렴해서 초보자가 즐기기에 좋은 장르다.

생미끼 대신 각종 인조미끼를 이용한 낚시가 루어낚시이다. 즉 숟가락 모양의 스푼이나 각종 물고기 모양의 이미테이션 미끼로 물고기를 유인한다. 릴이 장착된 낚싯대를 이용해 미끼 던지기와 감기를 반복하며, 계속 장소를 이동하기 때문에 찌낚시와는 달리 역동적이다. 생미끼를 안 쓰다 보니 갯지렁이 등을 만지기 싫어하는 사람들도 쉽게 접할 수 있는 장점이 있다.

플라이낚시는 하루살이, 소금쟁이 등 물 위를 떠다니는 물고기의 먹잇감을 털실 등으로 흉내 낸 플라이를 바늘에 묶어 던진 후 흘려서 물고기가 물게끔 유도한다. 가짜 미끼로 물고기를 유혹한다는 점에서는 루어낚시와 일맥상통하나, 루어낚시는 미끼를 낚시꾼이 직접 움직이는 것에 반해, 플라이낚시는 미끼를 물 흐름에 맞춰 흘려준다는 것이 큰 차이다. 체력 소모가 많고 장소의 제약도 크다. 따라서 큰 계곡, 맑고 얕은 여울이 많지 않은 한국에서는 저변이 넓지 않고, 주로 미국과 유럽에서 즐기는 낚시다.

용인에는 한터, 송전, 용담, 신원, 지곡, 두창, 삼막골, 사계절 등 20여 곳의 낚시터가 있다. 이중 처인구 양지면의 한터낚시터는 서울에서 30~40분 거리로 접근성이 좋고, 울창한 숲이 저수지 주변을 병풍처럼 에워싼 수려한 풍광을 지니고 있어서 인기가 높다. 또 휴식과 취식이 가능한 방갈로가 비치되어 있어 가족 낚시꾼에게는 더없이 좋은 곳이다.

지곡낚시터는 물 맑고 풍광이 아름다운 계곡형 낚시터이다. 신갈IC 인근인 기흥구 지곡동에 있어서 접근성이 좋고, 상류권부터 손맛 터와 즐김터, 잡이터로 구분되어 운영되고 있다. 개인용 좌대를 신설하는 등 시설을 확충하였고, 기존 잔교가 하류권으로 배치되어 더 다양한 포인트에서 낚시가 가능해졌다.

처인구 이동면 어비리에 소재한 송전저수지는 수도권의 대표적인 낚시터로 1972년 축조되었다. 이동저수지 혹은 어비저수지라고도 불

송전저수지의 어비낙조

리며 외래어종인 배스와 블루길의 유입으로 작은 씨알의 붕어보다는 월척급 이상 대물 붕어가 곧잘 낚이는 낚시터로 알려져 있으며 최대어 신기록은 47cm의 토종붕어였다.

　씨알 좋은 대형 토종붕어를 낚으려면 갈대밭과 수몰 버드나무가 적당하게 어우러진 곳을 공략하는 것이 좋다. 또 초저녁부터 동틀 무렵까지가 큰 씨알의 토종붕어를 만날 수 있는 시간대이다. 주변 경관도 수려하여 이곳 송전저수지에서 바라보는 낙조는 용인8경의 하나로 꼽히고 있다.

겸임교수의 애환

　　용인은 여느 지역 이상으로 교육열이 높은 곳이다. 진학지도를 위한 강의와 예능 실기 지도를 수행하는 학원 밀집 지역이 한두 곳이 아니다. 수지고교와 용인외고는 명문대학 진학률이 전국 최고 수준의 명문고교이다.

　　대학 캠퍼스도 종합대학인 단국대학교와 용인대학교, 강남대학교, 명지대학교 분교, 한국외국어대학교 분교 등 9곳이나 있다. 이 중에서도 규모나 지역사회 기여 면에서 영향력이 상대적으로 큰 곳은 아무래도 용인에 본교 캠퍼스를 둔 단국대학교와 용인대학교, 강남대학교라 하겠다.

용인시 처인구에 소재하는 용인대학교는 1953년 설립된 대한유도학교를 모체로 하여 발전해왔다. 1990년 3월 대한체육과학대학으로 개명했다가 1993년 3월 지금의 용인대학교로 교명을 바꾸었다. 교훈은 도의를 갈고 닦아 사회에 이바지할 수 있는 인간이 되자는 뜻을 지닌 '도의상마 욕이위인道義相磨 欲而爲人'이다.

그리고 이 교훈을 달성하고자 도덕과 의리로써 참된 인간이 되는 것을 기본 덕목으로 하여 체육의 학문적 체계 확립과 스포츠의 과학화, 전문화를 기하고, 이론과 실기를 겸비한 역량 있는 전문 체육 인재를 양성하고자 노력하고 있다. 2010년에는 블라디미르 푸틴 당시 러시아 연방 총리에게 유도학 명예박사학위를 수여했다.

강남대학교는 용인시 기흥구에 있는 사립 종합대학교이며 교훈은 '경천애인敬天愛人'이다. 진리를 탐구하고 인격을 연마하여 민족과 인류의 번영을 위해 봉사하는 인재 양성을 교육목표로 해서 개인별 맞춤·선택형 실용교육 체제 구축, 산학연 협력시스템 개발 등을 역점사업으로 하고 있다.

1953년 사회사업학과, 1981년 부동산학과, 1991년 노인복지학과, 2017년 데이터사이언스학과를 국내 최초로 신설하였다. 사회복지 관련 학문에 강점이 있는 동 대학은 세상을 이롭게 하는 복지와 ICT 융합 선도대학을 지향해 나가고 있다.

단국대학교는 1945년 해방 후, 새 나라에 민족대학 설립을 원했던 백범 김구 선생의 뜻에 따라, 독립운동가 범정 장형 선생과 혜당 조희재 선생에 의해 1947년 설립되었다. '단국檀國'이란 교명 역시 김구 선생의 뜻이 반영된 것이다. 구국救國·자주自主·자립自立의 창학 이념은 설립자인 장형 선생과 조희재 선생이 체험한 역사적 삶에서 비롯되었다. 또 학교의 교시는 진리眞理와 봉사奉仕이다.

캠퍼스는 용인의 죽전캠퍼스와 충청남도 천안캠퍼스, 두 곳으로 나누어져 있다. 죽전캠퍼스는 IT정보통신기술·CT문화기술의 특성화, 천안캠퍼스는 FL외국어·BT생명과학의 특성화를 추진하고 있다. 서울시 용

단국대학교 죽전캠퍼스

산구 한남동의 캠퍼스를 2007년 하반기에 현재의 죽전캠퍼스로 이전하였다. 이전 후 한남캠퍼스 자리에 들어선 건물이 초고가로 유명한 한남 더힐아파트이다.

죽전캠퍼스 총 면적은 약 33만 평으로 여의도의 1/3 크기이다. 하지만 이는 총 면적일 뿐이고, 아직도 면적의 2/3는 미개발 산림으로 덮여 있다. 죽전캠퍼스는 언덕의 경사가 무척 심하다. 해발고도 300m의 법화산 자락에 건물을 짓다 보니 캠퍼스 전체가 사실상 하나의 산이 되었다. 정문부터 이어지는 언덕을 오를 때면 학생들은 등교가 아닌 등산을 하는 느낌을 받는다고 말한다.

캠퍼스를 죽전으로 옮겨 오면서 학교의 재정상태가 많이 개선되었다. 이와 함께 죽전지역도 많은 수혜를 입게 되었다. 대학 주변 지역의 생활환경이 크게 개선되었을 뿐만 아니라 상권이 형성되면서 지역경제에 활기를 불어넣고 있기 때문이다.

또 치과대학병원은 주민들에게 질 높은 의료서비스를 제공하고 있다. 앞으로 대학시설이 주민들을 위한 문화공간으로도 활용된다면 지역사회에 더 큰 보탬이 될 것으로 생각된다.

공직생활을 마친 나는 이곳 단국대학교에서 겸임교수 생활을 해왔다. 이는 그동안 30여 년 동안의 경제관료 생활에서 체득한 지식을 학생들에게 전수하려는 의도에서 이뤄진 일종의 재능기부 활동인 셈이다. 또 나 자신을 위해서도 훨씬 보람 있고 의미가 있을 것으로 여겨졌다. 학교도 집에서 15분 정도의 거리에 있어서 다니기가 편했다.

처음 학교 수업을 시작할 즈음에는 매우 긴장되었다. 내가 설명하는 강의 내용을 학생들이 얼마나 잘 알아듣는지가 궁금했다. 더욱이 요즘은 교수에 대한 학생들의 평가가 매우 엄격히 진행되기에 평가 결과가 신통치 않으면 다음 학기 수업 배정을 받기가 어려워지게 된다. 그러기에 강의 내용과 수업 진행에 많은 신경을 써야만 한다.

나는 강의 자료를 만드는 과정에서 아예 〈14일간의 금융 여행〉, 〈14일간의 국제금융 여행〉, 〈14일간의 한국경제 여행〉 등 14일간의 경제여행 시리즈 책을 만들어 출간하였다. 14일이라는 제목은 한 학기 동안의 수업이 총 14주간에 걸쳐 진행되기 때문에 1주간을 하루로 간주해 붙여진 것이다. 책의 내용도 각기 14개의 장으로 구성되어 있으며, 한 개의 장은 1주간 수업 분량으로 채워졌다.

학생들이 자신의 성적에 민감하기에 학생 평가에도 많은 신경을 써야만 했다. 평가 결과가 취업과 장학금 신청에 직결되기 때문이다. 조금이라도 자신의 생각과 다르다고 여기면 곧바로 항의가 들어온다. 사실 주관식 문제 평가를 할 때면 평점자의 재량적 판단이 개입되는 것이 불가피하다.

가령 글씨를 알아보지 못할 정도로 난삽하게 휘갈겨 쓴 답안지는 감점 처리가 될 수밖에 없다. 그렇다고 대학생 대상 시험을 4지선다형 객관식만으로 치를 수도 없는 노릇이다. 학생 평점이 엄격한 상대평가이다 보니 경계선상에 놓인 학점 처리를 두고 교수나 학생이나 모두 신경이 곤두설 수밖에 없는 노릇이다.

나는 빠듯한 수업 일정을 인생 경험 삼아 그리고 일종의 의무감에서 수년 동안 열정적으로 감당해 내었다. 그러나 점차 나의 자유로운 일상생활을 가로막는 부담으로 다가왔다. 사실 수업을 원만하게 진행하기 위해서는 사전 준비에도 시간이 소요되지만, 정해진 수업시간을 반드시 준수해야만 했다. 그래서 1주일 이상의 장기여행이나 다른 모임 활동을 자유롭게 할 수가 없었다. 이에 따라 지금은 특강 등 비정기적인 강연활동만 진행하고 있다.

교수 생활에서의 보람과 만족감은 무엇보다도 학생들과 좋은 관계 형성에서 찾을 수 있다. 내가 강의하는 국제금융 수업시간에 정치외교 학과 학생이 수강한 적이 있었다. 그 학생은 스승의 날, 수업 종료 후 나를 찾아왔다. 그러고는 작은 선물꾸러미를 슬며시 건네주었다. 나중에 포장을 풀어보니 향수가 들어 있었다.

나는 고마움을 표하기 위해 학기말에 그 학생과 학교 앞의 식당에서 점심을 같이하는 기회를 가졌다. 학생은 자신의 신변에 대한 이런저런 이야기를 털어놓았다. 그는 대학 진학 시 애당초 경제학이 굉장히 어려울 것 같아 지레 겁을 먹고 정치외교학과를 선택했다고 한다.

그런데 막상 경제학 강의를 들어보니 매우 재미가 있더라는 것이다. 그래서 경제학에 대한 두려움을 없애준 나에게 고마움을 표시하고 싶었다고 말했다. 나는 그 학생을 통해 교수 생활의 보람과 긍지를 느낄 수 있었다.

전원주택의 낭만과 환상

젊을 때는 아이들이 다닐 학교의 학군이 좋거나 혹은 학원이 밀집해 있는 곳을 우선적으로 고려하여 주거지역을 선택하고는 했다. 그리하여 자신이 마련한 주택에는 살아보지도 못하고 이리로 저리로 전세살이를 하며 지내는 경우가 많았다.

이러한 지나간 시간에 대한 아쉬움인지는 몰라도 나이가 들어가면서 자신이 원하는 집에서 살아보고 싶은 생각이 간절해진다. 이제는 평소 자신이 꿈꾸던 형태의 집을 장만하거나 혹은 스스로 집을 지어보려는 마음이 꿀떡 같고, 특히 전원주택 생활에 대한 환상과 동경에 빠져들게 된다.

전원주택의 위치는 물론 도심을 벗어난 한적한 곳이 좋을 것 같다. 강이 내려다보이거나 숲속 풍경을 볼 수 있으면 더욱 좋을 것이다. 그리고 강이나 숲 쪽으로 창을 내고 싶다. 창문을 통유리로 한다면 한눈에 풍광이 들어올 수 있을 것이다.

천장은 언제든지 열어젖힐 수 있도록 개폐식으로 하거나, 여의치 않으면 유리로 투명하게 하면 어떨까? 그러면 별을 보며 잠자리에 들 수 있을 것이다. 날씨가 따뜻한 날에는 그 천장을 활짝 열어젖히면 맑은 공기를 방안에 가득 채울 수 있을 것이다.

앞마당에는 채송화와 과꽃, 모란을 피울 것이다. 또 예쁜 홍매화, 빨간 석류와 감나무, 모과나무 등의 유실수도 몇 그루 같이 심으면 좋을 것이다. 담장 너머로 살포시 고운 얼굴을 내미는 새색시처럼 수줍은 모습의 능소화도 심을 것이다. 그리고 뜰 안을 향긋한 라일락 향기로 가득 채워보리라!

봄에는 정원에 심어둔 유실수에서 연초록의 물이 오르며 화사한 동산으로 단장될 것이다. 뜰 안 가득한 싱그러운 라일락 향기는 봄의 서정을 더해 줄 것이다.

여름이면 반딧불이가 앞마당에 모여들어 한여름의 밤을 꿈처럼 아름답게 밝혀줄 것이다. 이때 곁들어진 한잔의 서머와인은 한껏 더 느긋하고 로맨틱한 분위기를 연출해 줄 것이다.

가을이면 수북이 쌓인 낙엽을 뒷마당에서 태우며 낙엽 타는 냄새를 즐길 것이다. 빨갛게 익어가는 홍시는 호젓한 가을의 서정과 풍광을 더욱 깊어가게 만들어 준다.

겨울이면 벽난로를 피울 것이다. 장작개비가 탁탁 소리를 내며 시뻘겋게 타오르는 벽난로 주변에 앉아 멘델스존의 바이올린 협주곡을 들으며, 진한 커피의 향과 싸한 그 맛도 즐기고 싶다.

집 구조는 2층으로 하고 방은 4개쯤이면 좋을 것 같다. 1층에는 출가한 아이들이 가끔 찾아오거나, 멀리서 찾아올 손님을 위한 방을 예비로 마련한다. 그리고 2층에는 안방과 서재를 마련해 둔다.

때로는 서재 겸 음악실인 그 방에서 여러 날을 지낼 수도 있을 것이다. 그때면 턴테이블 볼륨을 최대로 높여두고 이리저리 뒹굴며 여유를 즐길 수도 있을 것이다. 마치 폐인처럼...

도농복합도시인 용인에는 아파트 단지 외에도 전원주택 단지들이 여기저기 많이 조성되어 있다. 용인은 수려한 자연경관의 혜택을 누릴 수 있을 뿐만 아니라 수도권 가까이 위치해 교통편도 좋은 편이라 전원주택의 인기가 높다.

특히, 동백지구의 향린동산은 전체 규모가 25만 평에 달하는 대단위 전원주택 단지이다. 향린동산은 정문과 후문으로 나뉘어 있으며, 단독주택과 타운하우스, 빌라 등 전원주택 건물들이 들어서 있다.

은퇴자들을 위한 실버타운도 기흥구를 중심으로 빼곡히 들어서 있다. 그중에서도 노블카운티는 우리나라 최고의 시설을 자랑하는 곳으로 알려져 있다.

처인구 원삼면 끝자락에는 전원주택을 지어 10여 년 전부터 살고 있는 고향 친구가 있다. 그 역시 전원주택 생활에 대한 낭만과 로망을 지니고 1년 이상의 시간과 노력 그리고 재원을 투자하여 2층 양옥집을 지었다. 그는 자신이 직접 주택을 설계하여 공사도 진두지휘하였다. 이후 그는 자신의 꿈을 투영시켜 탄생한 집에서 전원생활의 낭만을 제대로 누리고 있다.

향린동산 전원주택 단지 전경

아침이면 새소리를 들으며 잠에서 깨어나 잔잔하게 흐르는 클래식 음악을 벗 삼아 모닝커피를 마시며 느긋한 오전 시간을 보냈다. 오후에는 텃밭에 나가 고추와 오이, 호박에 물을 주며 그들과 시선을 나누었다. 그리고 저녁이 되면 이웃과 마당에서 바베큐와 생맥주로 가든파티를 즐기다가 느지막한 밤에서야 별을 보며 잠자리에 들었다고 한다.

그러나 이런저런 고생도 많았다고 실토를 한다. 무엇보다 집이 외진 지역에 있는 관계로 도둑이라도 들지 않을까 하는 무서움이 있었다. 또 텃밭 관리가 쉽지 않아 간혹 중노동으로 여겨질 때도 있었다고 했다. 농약을 사용하지 않다 보니 야채에 자생적으로 생겨난 벌레들을 제거해야만 했으며, 이따금 푸성귀 잎에 손을 베이는 경우도 있었다.

여름에는 모기떼들이 집안으로 날아들었고 말벌의 습격도 신경이 쓰였다. 가을에는 수북이 쌓인 낙엽을 쓸어야 했고, 겨울이면 마당과 집 앞에 쌓인 눈도 치워야 했다. 그리고 대로변에서 집까지 올라오는 도로가 너무 좁아 오가는 자동차끼리 마주치기라도 할 때면 자칫 사고를 낼까 조심스러웠다. 또 간간이 인근의 축사에서 고약한 냄새가 흘러나오기도 했다고 한다.

고향 친구 몇몇이 그룹을 이루어 정기적으로 그 친구 집을 방문하였다. 우리는 친구의 전원주택을 주로 카드 놀이터로 활용하였다. 통상 친구 4명이 모이면 훌라게임을, 다섯이 모이면 마이티 게임을 했다.

마이티는 기루다 게임을 다소 변형시킨 것으로, 한 사람당 10장의 카드를 가지고 팀플레이를 하는 게임이다. 공격은 프렌드로 정한 사람과 함께 2명이 하며, 나머지 3명은 수비를 한다. 그리고 공격수가 제시한 점수 이내로 카드 패를 지키면 공격 측이 승리하고, 그렇지 못하면 수비 측이 이기는 게임이다.

훌라는 각자 7장의 카드를 가지고 시작하는데 손에 들고 있는 카드를 먼저 털어 내거나, 스톱을 외쳤을 때 손에 든 카드가 가장 적은 사람이 이기는 게임이다.

이들 게임은 자신의 패를 보면서 상대방의 패도 짐작하여 전략적인 수 싸움을 해야 하는데, 화투게임보다는 좀 더 복잡다단한 편이다. 그리고 시간도둑이라고 할 정도로 시간이 잘 흐른다. 집주인 친구는 우리가 귀찮을 수도 있겠지만 자신의 전원생활 터전이 자랑스럽기도 했기에 커다란 불만 없이 우리를 스스럼없이 불러 주었다.

사실 나는 그 친구의 전원주택을 방문할 때마다 부러운 생각이 꿈틀거렸다. 이는 전원주택 생활에 대한 로망이 여전히 나의 뇌리에 남아 있다는 증표인 것 같았다. 그런데 전원주택의 삶에 대한 꿈이 현실로 실현되기 위해서는 매우 중요한 전제조건이 붙어있다. 다름 아니라 아내의 동의가 필수적이라는 것이다.

수지의 전원주택 마을 전경

　이는 새로 지을 집은 혼자 살집이 아니라, 아내와 함께 살 집이기 때문이다. 그리고 여자들의 경우 잔손이 많아서 귀찮고 불편한 전원주택 생활보다는, 편리하고 관리비 부담도 적은 아파트 생활을 더 선호하는 편이기 때문이다. 그러기에 나는 전원주택 마련의 꿈을 가진지 꽤 오랜 세월이 되었건만 아직도 집사람을 설득하고 있는 중이다.

선배 A와의 만남

수지 인근에 사는 A형은 고향 선배이자 직장 선배이기도 하다. 그리고 나를 매우 아껴주는 고마운 사람이다. 그는 외견상으로는 털털한 스타일이지만, 내면은 문화를 매우 사랑하는 로맨티스트다. 그는 원래 직장에서 알아주는 터프가이로, 두주불사하면서 술을 좋아했다.

그래서 동료뿐만 아니라 후배들과도 두루두루 잘 어울리며 지냈다. 그러나 자신이 옳지 않다고 생각하는 일에는 여지없이 후배들을 일갈하였다. 뿐만 아니라 상관에게도 거침이 없었다. 결코 부당한 지시를 따를 수 없다면서 대들기도 하였다. 자연히 상관은 그를 불편해하였다. 그 결과 높은 자리에는 오르지 못하였다.

은퇴를 얼마 앞두고는 고혈압으로 쓰러지는 불상사를 겪었다. 이후 물불 가리지 않던 성격의 소유자이던 그가 확 달라졌다. 그는 병상에서 시간을 보내며 지나온 자신의 삶을 반추하며 여러 가지 생각에 잠겼다.

우선 좋아하던 술을 끊었다. 그리고 명상과 함께 책을 읽거나 음악을 듣는 시간이 많아지면서 점차 철학자이자 도인이 되어 갔다. 병은 그의 육신을 허물었지만, 삶의 깊이와 내공을 한층 더 깊어지게 만든 계기로 작용했던 것 같다.

이후 선배와 나는 가끔 만나 이런저런 이야기를 나누며 지내고 있다. 대화의 주제는 대부분 철학과 문화에 관련된 것들이다. 솔직히 나는 그동안 비교적 문화적 소양이 있다고 자부해 왔다. 그런데 그와 함께 이야기를 나눌 때면 더 공부해야 할 부분이 많다는 것을 깨닫게 된다.

그의 문화지식은 인간의 삶에 대한 관조를 바탕으로 하면서도 깊이가 있었다. 나는 그와 헤어진 후 집에 돌아와서는 그가 이야기해준 부분에 대한 내용을 구체적으로 알아보기 위해 관련 서적을 들추어 보면서 새로운 지식을 접하게 된다.

언젠가는 〈그리스인 조르바Zorba the Greek〉 이야기를 해주었다. 나에게 좋은 작품이니 꼭 한번 보라고 추천하면서, 소설보다 영화가 더 진한 감동을 준다고 했다. 그러면서 자유를 만끽하는 가운데 안분지족

安分知足하며 살아가는 조르바의 삶을 배우고 실천하고 싶다는 생각도 전해 주었다.

영화는 그리스의 대문호 니코스 카잔차키스 Nikos Kazantzakis 가 1946년에 출판한 소설을 1964년 미카엘 카코야니스 Michael Cacoyannis 감독이 영화로 만든 것이다.

지중해 남쪽에 자리 잡아 사시사철 온화한 기후의 크레타 섬을 배경으로, 갈탄 광산을 운영하려는 주인공 배질과 그가 고용한 일꾼 알렉시스 조르바가 함께 지내면서 벌어지는 에피소드들을 토막토막 다루었다. 특히, 영화의 마지막 장면에 조르바 역의 배우 안소니 퀸이 추는 그리스의 민속무용인 시르타키 Συρτάκι, Sirtaki 춤이 압권이다.

영화에 나오는 많은 명대사 중에서 몇 가닥만 소개하면 다음과 같다.

"인간이라니, 무슨 뜻이지요? 자유라는 거지!"

"산다는 게 뭔지 알아요? 허리띠를 풀고 말썽을 만드는 게 바로 삶이지요. 산다는 게 곧 말썽이에요."

"나는 어제 일어난 일은 생각 안 합니다. 내일 일어날 일을 자문하지도 않아요. 내게 중요한 것은 오늘, 이 순간에 일어나는 일입니다. 나는 자신에게 묻지요."

"조르바, 지금 이 순간에 자네 뭐하는가?"

"잠자고 있네."

"그럼 잘 자게."

"조르바, 지금 이 순간에 자네 뭐 하는가?"

"일하고 있네."

"잘해보게."

"조르바, 자네 지금 이 순간에 뭐 하는가?"

"여자에게 키스하고 있네."

영화 '그리스인 조르바'의 한 장면

"조르바, 잘 해보게. 키스할 동안 다른 일일랑 잊어버리게. 이 세상에는 아무것도 없네. 자네와 그 여자밖에는. 키스나 실컷 하게."

저자인 니코스 카잔차키스는 1951년과 1956년 2번에 걸쳐 노벨문학상 후보에 올랐으나 수상은 하지 못했다. 그는 또 실제의 삶에서도 자유와 해방을 외치며 살았는데, 이러한 뜻은 그의 묘비명에서도 잘 나타나 있다.

"나는 아무것도 바라지 않는다.
나는 아무것도 두려워하지 않는다.
나는 자유다."

선배의 안내로 서울시립미술관에 '데이비드 호크니David Hockney' 전시회를 보러 간 적이 있다. 호크니는 1937년 영국에서 출생하여 현재도 생존하고 있는 화가이자 무대 디자이너이며 사진작가이다.

그는 디지털 때문에 사진 예술의 종말이 곧 온다고 단언하며 사진 작업을 열심히 하였다. 또 통속적인 스타일을 매우 세련된 방식으로 이용하여 스냅 사진과 같은 정경을 그렸다.

호크니의 대표작으로는 〈예술가의 초상〉을 비롯하여 〈더 큰 첨벙〉, 〈클라크 부부와 퍼시〉 등이 있다. 〈예술가의 초상〉은 2018년 11월, 뉴욕 크리스티 경매에서 생존하는 화가 중 최고 경매가인 9,031만 달러에 낙찰되어 더 유명세를 탔다. 그러나 이 기록은 2019년 5월 15일에 제프 쿤스의 〈토끼Rabbit〉가 9,100만 달러에 판매되면서 다시 갱신되었다.

선배는 음악분야에 특히 조예가 깊었다. 그는 자신의 집 지하실을 문화공간으로 만들어 운영하고 있다. 그곳에는 다양한 조형물도 전시되어 있지만 벽장에 빼곡히 채워진 수많은 클래식 음반들은 보는 이의 기를 죽여 놓는다. 벽장에는 음악 관련 서적은 물론이고, 뉴욕 메트로폴리탄 가극장의 연주실황을 담은 비디오테이프로 가득하다.

데이비드 호크니의 '예술가의 초상'/ 크리스티 홈페이지

많은 음악가 중에서 특히 '말러Gustav Mahler'를 좋아했다. 음악의 내용도 그러하지만 그의 삶이 우수와 역경에 가득 차 있기에 그러하단 다. 말러 음악 중에서도 '부활'이라는 이름을 지닌 〈교향곡 2번〉을 가장 사랑한다고 했다. 숱한 지휘자들이 부활을 지휘했지만 특히 '길버트 카플란Gilbert Kaplan'이 지휘한 음반을 가장 소중하게 여긴다고 했다. 그러면서 그와 관련된 재미있는 에피소드를 들려주었다.

1965년 뉴욕의 카네기홀에서 '레오폴드 스토코프스키Leopold Stokowski'가 지휘하는 '부활'을 숨죽이며 듣던 23살의 청년 카플란은 번개가 자신의 몸을 관통하는 듯한 충격을 받았다. 그날부터 청년은 자신이 죽기 전에 말러의 '부활'을 직접 지휘해보겠다는 간절한 소망을 마음에 품었다. 그러나 그는 음악이라곤 거의 문외한에 가까운 경영학도였다.

경영대학원을 졸업한 카플란은 월가로 진출하여 상당한 성공을 거두었다. 사업을 궤도에 올려놓은 그는 청년시절의 꿈이었던 말러의 '부활'을 직접 지휘하기 위해서 음악공부를 시작했다. 1983년 카플란이 말러의 '부활'을 처음 들은 지 18년이 지났을 때, 그는 마침내 카네기홀 무대에 올라 아메리칸심포니를 이끌고 '부활'을 지휘했다.

그가 '부활'을 처음 들었던 바로 그 장소이자 그 오케스트라였다. 그로서는 일생일대의 소원을 이루는 순간이었다. 그의 지휘는 사람들의 예상을 깨고 엄청난 호응을 받았다. 그의 지휘가 성공적으로 끝나자 전 세계에서 지휘 요청이 쏟아졌다.

선배는 커피에도 오래전부터 흠뻑 빠져있다. 그는 직접 커피를 볶는데, 고급 종으로 간주되는 케냐, 에티오피아, 컬럼비아, 과테말라, 코스타리카산 아라비카 원두를 주로 취급한다. 커피에 관련된 서적을 거의 다 읽어 본 것은 물론이고 국내에서 이름이 난 커피집들은 대부분 순례하였다.

바리스타 자격증을 갖춘 선배는 자신의 문화공간에서 커피 교실을 운영하며 커피에 담긴 이야기, 커피 잘 볶는 법, 그리고 커피가 지닌 맛과 향을 최대로 살리는 핸드 드립hand drip 방법에 이르기까지 이론과 실무를 가르치고 있다. 커피 교실이 개최되는 동안 클래식 음악을 들려주며 분위기를 돋운다.

원두의 6대 요소는 신맛, 단맛, 쓴맛, 바디감, 아로마aroma, 플레이버flavor라고 한다. 그런데 이는 원두 생산지의 토질과 온도, 강수량, 습도, 해발고도, 로스팅 등에 따라서 달라진다고 한다.

우리에게 잘 알려진 원두로는 자메이카 블루마운틴, 예멘 모카 마타리, 하와이안 코나, 컬럼비아 수프리모, 파나마 에스메랄다 게이샤, 과테말라 안티구아, 코스타리카 따라주, 에티오피아 예가체프, 케냐 AA 등이 있다.

"커피의 본능은 유혹이다. 진한 향기는 와인보다 달콤하고, 부드러운 맛은 키스보다 황홀하다. 악마처럼 검고 지옥처럼 뜨거우며 천사와 같이 순수하고 사랑처럼 달콤하다."

-프랑스 정치외교가 탈레랑

선배의 커피교실

The instinct of the coffee is temptation. Strong aroma is sweeter than wine, soft taste is more rapturous than kiss. Black as the devil, Hot as hell, Pure as an angel, Sweet as love.

나는 선배가 정성스레 직접 볶은 원두를 두 달에 한번 꼴로 건네받는다. 덕분에 아침마다 감미로운 원두 향기가 집안에 가득하다. 그는 또 형편이 되면 카페를 열 생각도 가지고 있다. 그래서 도니체티의 오페라 〈사랑의 묘약〉의 남자 주인공인 '네모리노Nemorino'를 카페 이름으로 미리 정해 놓고 상표등록까지 받아둔 상태이다. 그 선배가 다음번 만남에서는 또 어떤 재미있고도 유익한 이야기를 들려줄지 사뭇 기대된다.

작은 교회 이야기

종교란 무엇일까? 종교宗教의 한자 의미는 '으뜸 되는 가르침', '근본적인 교훈'이라고 풀이된다. 사람으로서 마땅히 알아야 할 근본적인 문제, 즉 현실 이상의 영원한 문제를 가르쳐 주는 것이 종교라는 것이다.

종교Religion의 영어 어원은 '다시 묶는다'는 것으로 하나님과 사람을 다시 묶는다는 것이다. 다시 말해 원래 묶여 있다가 끊어진 것, 즉 하나님과의 관계를 다시 묶어주는 것이 종교라는 것이다.

동서고금을 통해 사람이 사는 곳에는 언제나 종교가 있었다. 프랑스의 한 심리학자는 "사람은 종교적 동물"이라고 말했다.사람은 식욕과 번식욕 등 자연적 · 생리적인 욕구와 함께 절대자에 대한 믿음을 본능적으로 가지고 있다. 제아무리 무신론을 주장하는 사람이라도 위급한 경우를 만나면 자연히 절대자의 도움을 구하게 된다.

무엇보다 인간은 죽음에 대한 두려움을 가지고 있다. 과연 사후세계가 존재할까, 있다면 어떤 것일까? 나는 죽으면 어디로 가게 될 것인가? 나이가 들어갈수록 이러한 문제에 대해 더 심각하게 고민을 하게 된다.인간이 사후세계를 인정하게 되면, 삶이 변화된다. 보다 진지하게 내 삶을 들여다보고 신의 가르침을 따르려 노력하게 될 것이다. 이것이 종교의 본래 목적이다.

"죽음이란 무엇일까?" 이 거창한 질문에 천재 과학자 아인슈타인은 "더 이상 모차르트의 음악을 들을 수 없는 것"이라고 대답했다. 상당히 낭만적인 답변이다.

인간사가 시작된 이후 줄곧 이 질문에 대한 해답을 구하려고 노력해 왔으나 아직껏 그 누구도 이에 대한 명쾌한 답을 내놓지 못하고 있다.

사람들은 영생을 위해 미이라를 만들기도 했고, 불로장생의 약을 구하려고 발버둥을 치기도 했다. 의학이 발달하면서 질병을 치료하는 많은 약이 발명되기도 하였다. 그러나 죽음의 시기를 조금 늦추는 것은 가능해졌을지언정 영생을 얻기란 불가능하다는 것을 깨닫게 되었다.

해답 찾기를 단념한 인간은 종교에 귀의하게 된다. 그리고 죽은 뒤

천국으로 가는 희망을 간직한 채 살아가고 있다. 천국은 아무런 걱정 없이 행복하게 지낼 수 있는 미래세상이라고 한다.

그러나 그 천국이 아무리 좋다고 해도 지금 당장 천국으로 가겠느냐는 질문에는 아무도 그렇다고 답변할 사람이 없을 것이다. 그만큼 죽음에 대한 두려움이 크다는 것을 방증하고 있다.

불빛 하나 없는 칠흑 같은 어둠 속에서 홀로 길을 가는 나그네가 있다. 목이 타고 외롭고 두려운 가운데 더듬더듬 발걸음을 옮기지만 목적지가 어디인지도 모른다.

우리 인생길 역시 알 수 없는 운명을 향해 암흑 속을 더듬어 걸어가고 있는 것과 다를 바 없지 않을까? 그러다가 돌부리에 걸려 넘어지기도 하고 구렁텅이에 빠지기도 하면서 실망하고 고통스러워하며 번민하기도 한다.

아무리 물을 마셔도 갈증이 나기는 마찬가지다. 그러기에 그러한 일을 당하지 않도록 우리의 앞길을 환하게 비추어 주는 등불을 지니고 걸어가는 것이 현명하다. 그러면 그 등불이란 무엇인가? 그것이 바로 종교이다.

사람들이 종교를 가지게 되는 계기는 다양하다. 모태신앙인 경우도 있고 어떤 특별한 계기로 종교에 귀의하는 경우도 있다. 주변을 보면 가족의 종교를 따라 신앙생활을 시작하게 되는 경우가 많은 것 같다. 특히 나이가 들어 직장에서 은퇴한 남자들이 종교를 찾는 경우가 늘어나고 있다. 시간적 여유가 많아진 것도 하나의 이유가 되겠지만, '늙음'이나 '죽음'에 대한 자각이 그들로 하여금 자연스럽게 신앙을 찾게 하는 원인이 된 것으로 보인다.

어떤 이유로 종교생활을 시작하게 되었든 그들은 신앙을 통해 세상에 대한 분노나 죽음에 대한 두려움 같은 것들을 삭이는 평정심을 얻을 수 있었다고 말한다. 그것이야말로 돈으로는 절대 살 수 없는 종교가 가진 그 어떤 힘이 아닐까?

이처럼 종교는 죽음의 공포에서 인간을 해방시켜 번민과 고뇌에서 벗어나게 해 줄 뿐만 아니라 현실의 삶에서도 이웃을 사랑하고 세상을 선하게 살아가도록 이끈다.

세상에는 다양한 종류의 종교가 있지만 나는 기독교를 받아들이고 신자가 되었다. 기독교의 기본교리는 믿음, 소망, 사랑이다. 성경에는 '믿음이란 바라는 것들의 실상이요 보이지 않는 것들의 증거'라고 기록되어 있다. 또 '소망'은 천국을 향한 희망을 의미한다. 성경은 하나님께 소망을 두는 자가 복이 있다고 기록하고 있는데, 이 복을 구하기 위해 열심히 믿음생활을 하라는 것이다.

제2부 용인 사람들 이야기

'사랑'은 믿음과 소망의 종결자 역할을 하는 행위이다. 성경은 "사랑은 오래 참고 사랑은 온유하며 시기하지 아니하며, 사랑은 자랑하지 아니하며 교만하지 아니하며, 무례히 행하지 아니하며 자기의 유익을 구하지 아니하며, 성내지 아니하며 악한 것을 생각하지 아니하며, 불의를 기뻐하지 아니하며 진리와 함께 기뻐하고, 모든 것을 참으며 모든 것을 믿으며, 모든 것을 바라며 모든 것을 견디느니라."라고 기록하고 있다.

성경은 '믿음', '소망', '사랑' 이 세 가지 중 제일은 사랑이라고 강조한다. 그리고 기독교 교리의 가장 중요한 중심사상인 '사랑'은 현실세계에서도 세상을 따뜻하고 아름답게 하는 가장 중요한 행위이다.

용인에는 매우 많은 교회가 저마다의 목회활동을 펼치고 있다. 그중에는 지구촌교회와 새에덴교회 같은 대형 교회도 있지만, 대다수는 교인 수 200명 내외의 작은 교회이다. 나는 죽전에 있는, 성도 수 100명 남짓한 자그마한 교회에 10여 년 이상 다녔다. 나는 창립 멤버이지만 이제는 이곳에 교적을 두지 않고 있다. 창립 당시 담임 목사를 비롯해 몇몇 성도들은 이 세상의 빛과 소망이 되겠다는 뜻을 지니고 교회를 세웠다.

이후 교회 구성원들은 그 뜻을 이루기 위해 적지 않은 노력을 기울

생명의 빛 예수마을교회 내부

였다. 이런저런 명분의 기도회가 개최되었고, 교우들 상호간에는 따뜻한 시선과 마음을 나눌 수 있었다. 그리고 지역사회에 대한 봉사 차원에서 장애를 앓고 있는 아이들을 찾아 시간을 나누고, 또 임종을 맞은 노인들의 장례행사를 치르기도 하였다.

교회는 하나님을 경배하는 곳이기도 하지만 성도들과 친교를 나누는 장소이기도 하다. 이런저런 모습의 사람들과 교우관계를 맺고 친교를 나눈다. 나 역시 다니던 교회에서 적지 않은 만남이 있었지만, 그중에서도 몇몇 교우와의 만남은 좀 특별했다.

한 교우는 이른 나이에 세상을 등진 색소폰 주자이다. 그도 원래 성도였지만, 언제부터인가 교회를 아니 정확히 말하자면 교회 다니는 사람들을 매우 싫어하옅다. 그는 자신이 접해본 교회 다니는 사람들은 하나같이 위선자라고 말할 정도로 깊은 시험에 빠져있었다.

그러던 중 우연찮게 친구의 권유로 우리 교회에서 색소폰 성가연주를 할 기회를 가지게 되었다. 교회 성도들은 이 독특한 캐릭터의 소유자를 특별히 환대해 주었다. 그러는 사이 그도 마음을 열게 되면서 마침내 우리 교회 등록 교인이 되었다. 그는 꽤 오래전부터 폐암을 앓고 있었다. 교회 사람들은 그의 치유를 위해 정성껏 기도했다. 그러나 결국 우리 교회에 등록한 지 두어 해가 되던 초겨울 첫눈이 내리던 날, 하늘나라로 갔다.

"어제는 흰 눈이 내렸습니다. 그 첫눈을 맞으며 한 형제가 우리 곁을 떠나갔습니다. 당신의 부르심을 받고 떠나갔습니다. 우리도 그랬지만 본인 역시 이렇게 빨리 이 세상을 떠나고 싶어하지 않았습니다. 이곳 이승에서 색소폰을 통해 당신을 증거하며 살고 싶어 했습니다. 교우들과의 사랑도 좀 더 나누고 싶어 했습니다.

그러나 모든 게 하나님 아버지의 거룩한 뜻인 줄 압니다. 친히 그의 고통을 여기서 멈추게 하시고 천국에서 안락하고 평안을 누릴 수 있도록 하신 것이라 믿습니다. 천국에서는 더 이상의 아픔과 고통이 없을 것입니다. 색소폰도 마음껏 불면서 찬송을 드릴 수 있을 것입니다. 이제 하나님의 위로와 평강이 우리 모두에게 함께 하시기를 기도드립니다!"

또 다른 한 사람은 성가대 지휘자이다. 그녀는 원래 치과의사였다. 그러나 사십대 후반에 본업을 접고 학창시절 꿈꾸던 음악공부를 시작해 지휘자가 되었다. 그녀는 우리 교회 성가대 지휘자가 미국으로 떠나면서 후임으로 천거되어 오게 된 것이다.

그녀는 거주지가 서울이어서 죽전의 교회까지 오가는데 3시간 이상 소요된다. 주말에는 고속도로가 차량으로 꽉 막혀 시간이 더 걸린다. 그래서 교회에 좀 더 일찍 왔다가 느지막하게 귀가하는 경우가 허다하다. 그러니 거의 하루 종일 교회에서 시간을 보내게 된다.

교회에서의 지휘자 역할은 지대했다. 그녀가 지휘자가 된 이후 소규모 악단이 구성되었다. 바이올린과 첼로, 플루트와 클라리넷으로 구성된 관현악 4중주단이 탄생한 것이다. 이들의 연주 음악은 교회 분위기를 한층 더 경건하게 해주었다. 젊은 연주자들도 교회에 활기를 불어 넣어 주었다.

지휘자는 부임한 지 얼마 안 되어 지역주민을 위한 작은 음악회 아이디어를 제시했다. 이웃에게 문화와 접할 수 있는 기회를 제공하고

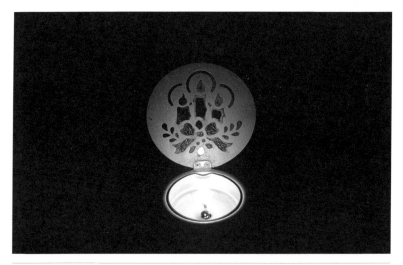

세상을 밝히는 촛불

또 전도활동에도 도움이 될 수 있다는 것이었다. 우여곡절을 거쳐 이루어진 음악회는 일 년에 한 번꼴로 대부분 연말연시나 여름 휴가철을 맞아 개최되었다. 그러나 적지 않은 성과를 거둔 이 행사도 결국 코로나 사태로 멈추고 말았다.

"하나님 아버지, 시간의 흐름과 세상의 변화 속에서도 당신을 믿는 사람들은 진정 변해야 할 것과 변하지 않아야 할 것을 구분할 수 있는 능력을 지니고 살아갈 수 있도록 지켜주소서!

그리하여 악한 기운이 횡행하는 가운데 힘들어하며 살아가는 이 시대의 백성들에게 교회가 한줄기 빛이 되고 또 소망을 심어

주는 밀알의 역할을 감당하도록 인도해 주소서! 끝으로 우리가 살고 있는 이 용인이, 대한민국이, 아니 온 세상이 보다 살기 좋은 곳으로 변화될 수 있기를 간절한 마음으로 기도드립니다."

아름다운 용인,
용인 사람들 이야기

발행일 : 2022년 2월 5일

지은이 : 이철환
펴낸이 : 김태문
펴낸곳 : 도서출판 다락방
주 소 : 서울시 서대문구 북아현로 16길 7 세방그랜빌 2층
전 화 : 02) 312-2029
팩 스 : 02) 393-8399
홈페이지 : www.darakbang.co.kr

값 13,000원

ISBN 978-89-7858-102-8 03980